Dieses Arbeitsheft gehört: ....

Arbeitsheft **10 E**

mathe live

Mathematik für Sekundarstufe I

von Sabine Kliemann

erarbeitet von
Udo Kietzmann
Holger Klapp
Sabine Kliemann
Ingo Lämmerhirt
Börge Schmidt
Wolfram Schmidt
Gisela Wahle

AF792516

Ernst Klett Verlag
Stuttgart · Leipzig

Inhaltsverzeichnis

Liebe Schülerin, lieber Schüler!

Endlich geschafft! Das 10. Schuljahr ist ein entscheidendes Schuljahr für deinen Abschluss in der Sekundarstufe I und ein spannendes zugleich.
Es ist verbunden mit den Fragen:

- Welchen Abschluss werde ich erlangen?
- Wie wird es weitergehen?

Dieses Arbeitsheft wird dich in diesem Schuljahr zum letzten Mal mit vielen interessanten und spannenden Übungsaufgaben begleiten. Auf jeder Seite findest du einen Hinweis, an welcher Stelle du in deinem Mathematikbuch nachschlagen kannst, falls dir ein mathematischer Begriff, eine Rechenregel oder eine geometrische Zeichnung noch nicht klar sein sollte.

Beispiel: Volumen und Oberfläche von Pyramide und Kegel
▻ Schülerbuch, Seite 70 bis 71

Die Rechnungen und die Lösungen kannst du meistens direkt ins Arbeitsheft eintragen, nur gelegentlich brauchst du ein zusätzliches Blatt. Alle Lösungen kannst du in der Beilage nachschlagen und dich so jederzeit selbst kontrollieren. Wenn du ein Thema fertig bearbeitet hast, hake es im Inhaltsverzeichnis ab. So erhältst du einen guten Überblick über das, was du schon geschafft hast.

Alles verstanden? Gehe mithilfe des Lernrückblicks noch einmal die wichtigsten Inhalte des Kapitels durch. Mit dem abschließenden Test mit Aufgaben in zwei Schwierigkeitsstufen kannst du deine Selbsteinschätzung überprüfen.

Am Ende jedes Kapitels stehen zwei Seiten, mit denen du dich zusätzlich Fit für den Abschluss machen kannst. In Anlehnung an die mathematischen Inhalte des Kapitels findest du dort Aufgaben zu prüfungsrelevanten Inhalten und Kompetenzen. Zur ersten Aufgabe von Fit für den Abschluss wird in den Lösungen jeweils ein möglicher Lösungsweg ausführlich dargestellt.

Die Zeichen, die dir an den Aufgaben begegnen, kennst du bereits:

[●] Aufgaben, die etwas schwieriger sind

[●●] Aufgaben, die dich mehr fordern

[✓] Aufgaben mit Selbstkontrollmöglichkeit auf der jeweiligen Seite

[💻] Aufgaben, die du mit dem Computer oder einem Grafikrechner bearbeiten solltest

Bevor es richtig losgeht, gibt es zum Aufwärmen ein bisschen Denkgymnastik.

Saft

a) Eine Karaffe mit Saft wiegt 3,5 kg. Halb gefüllt wiegt sie noch 1,9 kg. Wie schwer ist die Karaffe ohne Saft?

....

....

Gewichtig

a) Stell dir vor, du hast drei gleich aussehende Gewichte. Eines davon wiegt aber weniger als die anderen. Finde mithilfe einer Balkenwaage heraus, welches Gewicht leichter ist. Wie geht das?

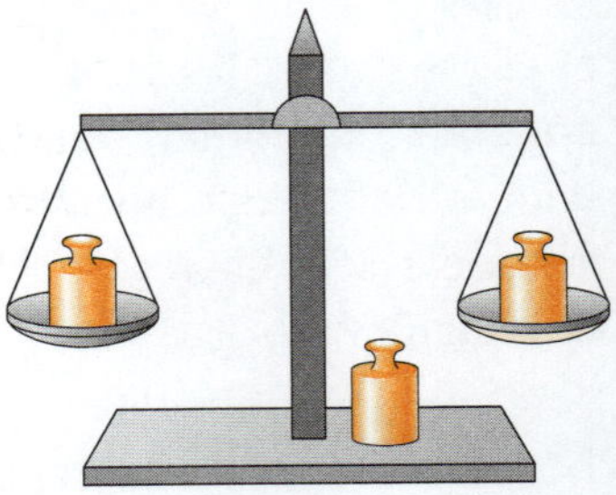

....

....

b) Jetzt hast du neun gleich aussehende Gewichte, von denen eines weniger wiegt als die anderen. Du darfst zweimal wiegen, um herauszufinden, welches das leichtere Gewicht ist.

....

....

Lügen

Antonia, Benedikt und Calvin haben je eine Süßigkeit in ihren Taschen. Zwei von ihnen lügen.

Wer hat die Gummibärchen ....,

die Tafel Schokolade ....,

die Tüte Lakritz ....?

Altersbestimmung
Kim ist 24 Jahre alt. Sie ist damit doppelt so alt, wie ihr Bruder Till es war, als Kim so alt war, wie Till heute ist. Wie alt ist Till heute?

Till ist .... Jahre alt.

Bücher

624 Schülerinnen und Schüler besuchen die Gesamtschule am Stadtpark. 11 % von ihnen nehmen im Durchschnitt jeden Tag ein Schulbuch zum Lernen mit nach Hause. Von den anderen 89 % nimmt die Hälfte zwei Bücher und die andere Hälfte kein Buch mit nach Hause.
Wie viele Bücher werden jeden Tag aus der Schule mit nach Hause genommen?

....

Wassergehalt

100 g einer Flüssigkeit haben einen Wassergehalt von 99 %. Wie viel g Wasser müssen verdunsten, damit der Wassergehalt 98 % beträgt?

....

....

= oder ≠?

0,50		0,50 %	0,3		30 %
0,25		25 %	1,5		$1\frac{1}{2}$ %
$\frac{1}{20}$		20 %	$\frac{1}{3}$		$33\frac{1}{3}$ %

Züge
An der Ringelnatz-Gesamtschule fährt jede dritte Minute ein Zug vorbei. Jedes Jahr setzt die Bahn 10 % mehr Züge auf dieser Strecke ein.

Nach wie vielen Jahren hat sich der Bahnverkehr vom Anfang verdoppelt?

....

....

Wahlen
Ergänze die fehlenden Werte zu den Wahlen in der Tabelle. Achte dabei auf die jeweiligen Grundwerte.

Wahljahr	2009		2010	
	Stimmen	%	Stimmen	%
Wahlberechtigte	53 784 516		59 578 134	
Abgegebene Stimmen	38 724 852	*72*	38 725 787	
Ungültige Stimmen	232 349	*0,6*	309 806	
Gültige Stimmen				
A-Partei	16 012 881		13 407 177	
B-Partei	14 819 613		15 443 225	
C-Partei	3 194 878		4 494 670	
D-Partei	2 617 490		3 188 526	
E-Partei	1 193 268		–	
Sonstige	654 373		1 882 383	

Wie hoch war die Wahlbeteiligung (Anteil der gültigen Stimmen an allen Wahlberechtigten)?
a) 2009 b) 2010

....

Stelle in einem Diagramm dar, um wie viel Prozent sich der Stimmenanteil für die einzelnen Parteien im Jahr 2010 gegenüber dem Vorjahr verändert hat.

Gehalt in Euro nach Ausbildungsberufen und -jahren

Ausbildungsberuf	Alte Bundesländer/Ausbildungsjahr (AJ)					Neue Bundesländer/Ausbildungsjahr (AJ)				
	1. AJ	2. AJ	3. AJ	4. AJ	Gesamt	1. AJ	2. AJ	3. AJ	4. AJ	Gesamt
Bankkaufmann/-frau	708	764	819		764	646	697	745		696
Binnenschiffer/-in	808	925	1043		925	808	925	1043		925
Chemielaborant/-in	661	722	802	873	749	589	631	675	721	644
Justizfachangestellte/-r	617	666	711		665	571	616	658		615
Systeminformatiker/-in	737	780	839	892	801	730	775	824	867	789
Zimmerer/-in	571	887	1120		859	490	684	864		679

1 a) Alle Gehälter steigen im Verlauf der Ausbildungsjahre. Die Steigerung selbst findet in unterschiedlicher Höhe statt.
Berechne und lies ab:
Die geringste Gehaltssteigerung zwischen erstem und letztem Ausbildungsjahr in den alten Bundesländern beträgt .... % in der Ausbildung zum/zur

....

Die höchste Steigerung beläuft sich auf .... % in der Ausbildung zum/zur ....

b) Keinen oder fast keinen Gehaltsunterschied in der Ausbildung zwischen Ost- und West-Bundesländern gibt es in den beiden Berufen

.... und ....

c) Stimmt die Aussage? Begründe.
„Ein Beruf mit dem höchstem Gehalt im ersten Ausbildungsjahr hat, wegen der jährlichen Steigerung, immer auch das höchste Gehalt im 2. und 3. Ausbildungsjahr."

....

....

....

d) Mache selbst eine weitere Aussage zu den Angaben in der Tabelle.

....

....

....

Steuern:
- Für den **Solidaritätszuschlag** werden 5,5 % von der Lohnsteuer abgezogen.
- Für die **Kirchensteuer** werden 9 % von der Lohnsteuer abgezogen. (Ausnahme: Bayern und Baden-Württemberg. Hier sind es 8 %).
- Ohne Angabe der **Lohnsteuer** können die **Sozialversicherungsbeträge** nicht berechnet werden.

2 Berechne mit den Angaben im Kasten den Solidaritätszuschlag und die Kirchensteuer in einem nördlichen Bundesland für eine Lohnsteuer von 217,58 €.

Solidaritätszuschlag: ....

Kirchensteuer: ....

3 a) Berechne die fehlenden Tabelleninhalte.

Beruf	Einkommen monatlich	Lohnsteuer monatlich	Lohnsteuer jährlich
Augenoptikerin	2697,00 €	443,91 €	
Bauingenieurin	4349,00 €	1154,50 €	13 854,00 €
Erzieher	3180,00 €		7126,92 €
Meteorologe	4483,00 €	1210,83 €	
Zimmerer/Dachdeckerin	2368,00 €		4153,92 €

b) Die monatlichen Abgaben für den Solidaritätszuschlag und die Kirchensteuer betragen:

Augenoptikerin: .... € + ... € = ... €

Meteorologe: .... €

1 Neben den drei Abgaben Lohnsteuer, Solidaritätszuschlag und Kirchensteuer werden noch folgende Versicherungsbeiträge vom Bruttolohn berechnet und abgezogen.

Sozialversicherungsbeiträge:

Rentenversicherung	=	9,95 %
Arbeitslosenversicherung	=	1,4 %
Krankenversicherung	=	8,2 %
Pflegeversicherung	=	0,975 %

a) Gib für die drei Berufe den Nettolohn an. Dabei helfen die Angaben von Seite 4.

Bauingenieurin

Bruttolohn: .... €

Lohnsteuer: .... €

Solidaritätszuschlag: .... €

Kirchensteuer: .... €

Rentenversicherung .... €

Arbeitslosenversicherung .... €

Krankenversicherung .... €

Pflegeversicherung .... €

Nettolohn: .... €

Erzieher

Bruttolohn: .... €

....

....

....

Nettolohn: .... €

Dachdeckerin

Bruttolohn: .... €

....

....

....

Nettolohn: .... €

b) Das arithmetische Mittel des Nettolohns der drei Berufe beträgt .... €.

2 Ein Haushalt mit 2308,76 € Nettoeinkommen gibt im Durchschnitt Folgendes aus:
30,3 % für die Miete und Energiekosten,
5,5 % für Bekleidung und Schuhe,
6,9 % für Wohnungseinrichtung und
14 % für Nahrungsmittel und Getränke.
Berechne den Betrag, der vom Nettolohn übrig bleibt.

....

....

....

3 Ein Museumspädagoge verdient brutto 3386 €, netto 1944,27 €. Wird in seinem Haushalt auf ein Auto verzichtet, können ca. 13,9 % des Nettolohns gespart werden. Wie viel bleibt von dem gesparten Geld jährlich übrig, wenn von diesem gesparten Geld eine Monatskarte gekauft wird, die 53,17 € monatlich kostet?

....

....

....

4 Wohnungsmiete und Energieausgaben betragen derzeit ca. 30,3 % vom Nettoeinkommen. In einigen Jahren könnte der Anteil wie im Diagramm aussehen. (3,6° ≙ 1 %).
Wie hat sich der Anteil verändert?

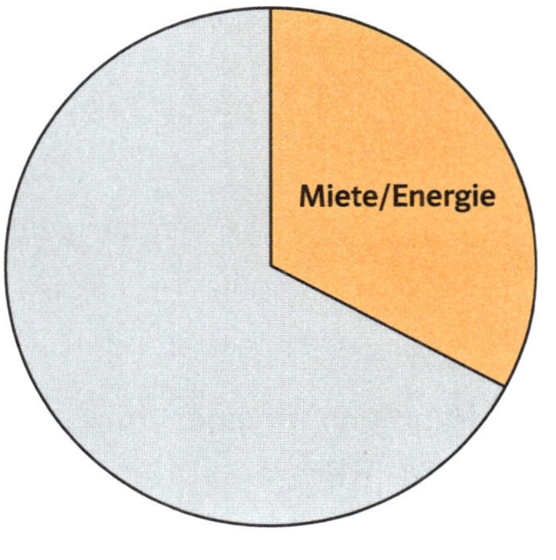

....

....

....

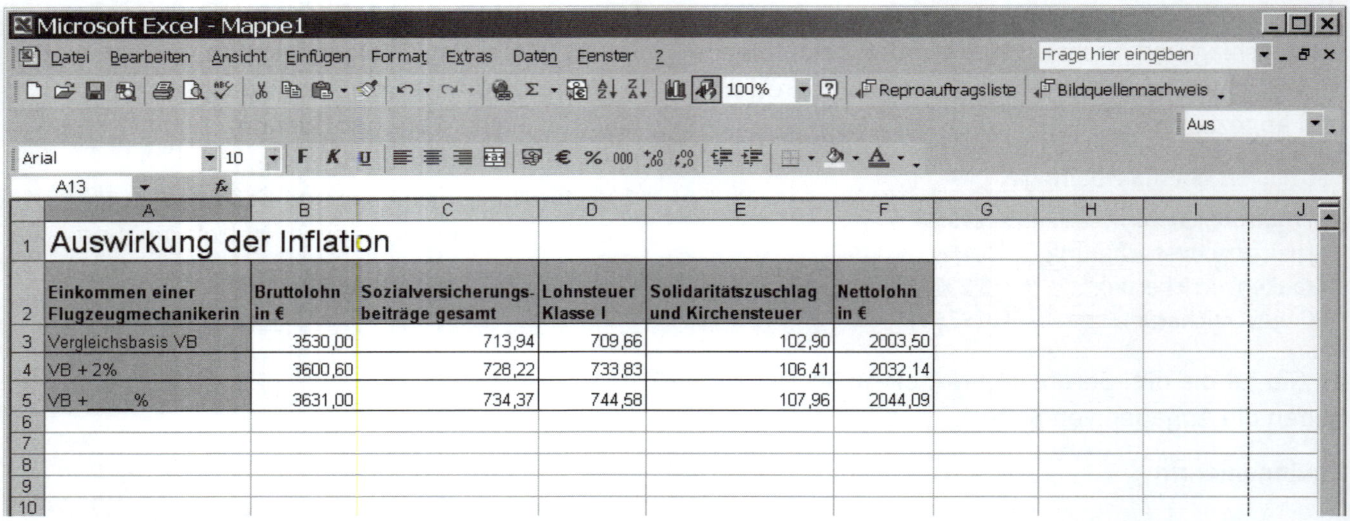

Microsoft Excel - Mappe1

	A	B	C	D	E	F
1	Auswirkung der Inflation					
2	Einkommen einer Flugzeugmechanikerin	Bruttolohn in €	Sozialversicherungsbeiträge gesamt	Lohnsteuer Klasse I	Solidaritätszuschlag und Kirchensteuer	Nettolohn in €
3	Vergleichsbasis VB	3530,00	713,94	709,66	102,90	2003,50
4	VB + 2%	3600,60	728,22	733,83	106,41	2032,14
5	VB + ____ %	3631,00	734,37	744,58	107,96	2044,09

1 Alle Zahlen, die du in den Aufgaben benötigst, findest du in der Tabelle.

a) Die Inflation hat alles im Durchschnitt 2% verteuert.
Eine angestellte Flugzeugmechanikerin verdient

brutto .... € (B3).
Damit sie sich genauso viel leisten kann wie vorher, soll ihr Bruttolohn um 2% erhöht werden. Stimmt B4? Begründe mit Rechnung.

....

Ihr monatlicher Nettolohn würde dann auf

.... € (F4) steigen. Die Mechanikerin behauptet: „Das reicht nicht als Ausgleich." Warum?

....

....

....

b) Der Nettolohn in F4 steigt im Vergleich zu F3 um

.... %.

c) Vergleiche F5 mit F3.
Reicht jetzt der Nettolohn für einen Inflationsausgleich von 2%? Begründe.

....

....

....

....

d) Der Nettolohn in F5 ist um 2% gegenüber 2003,50 € gestiegen. Um wie viel Prozent wurde dann der Bruttolohn von 3530 € in A5 erhöht?

....

....

e) Berechne auf zwei Stellen genau, wie viel Prozent Lohnsteuer vom Bruttolohn abgezogen werden:

Lohnst. von 3530,00 € = ... € = ... %

Lohnst. von 3631,00 € = ... € = ... %

Tatsächlich gilt: Je höher das Einkommen, um so höher ist der Lohnsteuersatz.

2 [●] Ein Frisör bekommt 1250 € Bruttolohn. Er zahlt 252,88 € Sozialversicherungsbeiträge (20,23%), 54 € Lohnsteuer und 4,86 € Kirchensteuer (9% der Lohnsteuer). Die Inflation beträgt 2%.
Kreuze den Bruttolohn an, welcher die Inflation ausgleicht.

[A] 1275 € (Lst. 59,16 €)
[B] 1297 € (Lst. 63,91 €)
[C] 1283 € (Lst. 60,91 €)

Deine Antwort ist dann richtig, wenn der Nettolohn 957,12 € beträgt.

....

....

Der Bruttolohn wurde um .... % erhöht.

Übrigens: Wird der Inflationsausgleich nicht auf das Nettogehalt bezogen, spricht man von „kalter Progression".

 ▻ Schülerbuch, Seite 15

1 Viele Informationen erfordern Übersicht, Durchblick, Konzentration.

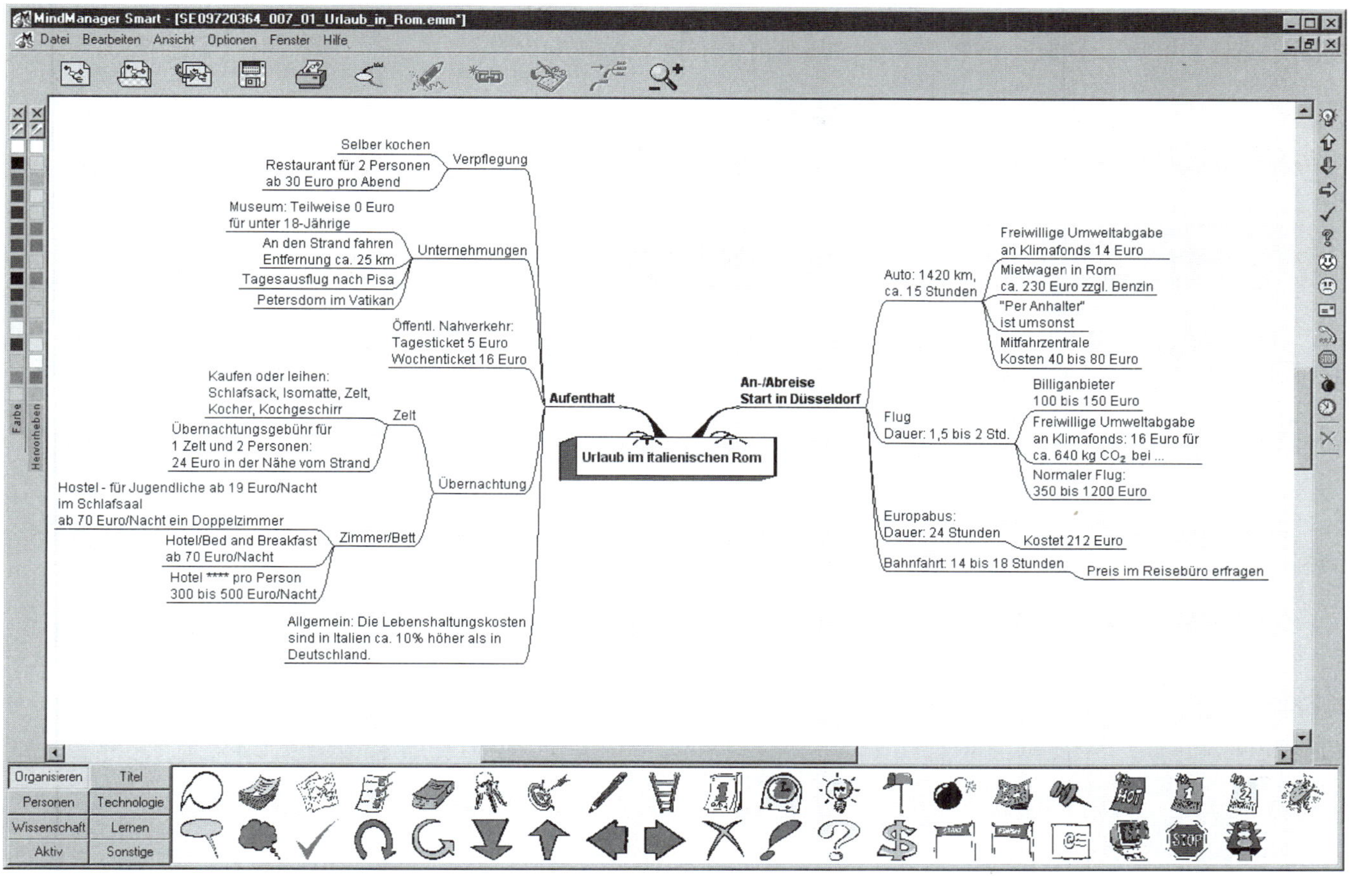

a) Welche Anreisearten und Übernachtungsmöglichkeiten werden in der *Mindmap* aufgeführt?

....

....

....

b) Ermittle den ungefähren Preis für die günstigste Reiseart mit zehn Übernachtungen in Rom für zwei Personen.
Schreibe die Berechnungen genau auf und vergleiche.

....

....

....

c) Berechne eine Reisekombination deiner Wahl.

....

....

....

d) [●] Setze für „Rom" in die Mindmap eine Stadt oder einen Ort deiner Wünsche ein und recherchiere die notwendigen Daten im Internet oder im Reisebüro. Stelle auf ein extra Blatt eine verständliche Finanzplanung auf, z. B. in Form einer *Mindmap*.

 ▻ Schülerbuch, Seite 16

1 In der 10. Klasse beginnen einige Schülerinnen und Schüler z. B. für einen Autoführerschein gezielt zu sparen. Sie nehmen sich einen Zeitraum von vier Jahren vor.
Hier ist das Sparverhalten von David, Jessika und Amélie dargestellt.

David spart jede Woche 6 € vom Taschengeld.

Jessika bekommt zum 18. Geburtstag Geld. Davon legt sie 350 € auf das Konto.

David legt vom Weihnachtsgeld jedes Jahr 50 € zurück.

Amélie gibt Nachhilfe und verdient im Monat zwischen 50 und 60 €. Von dem Durchschnitt legt sie 50 % monatlich zurück.

Jessika legt monatlich 20 € zurück.

Amélie räumt in den Ferien Regale im Supermarkt ein und kommt so jährlich auf ca. 100 € zusätzlich, die sie spart.

a) Berechne die Sparsummen nach Ablauf von vier Jahren.
David:

....

....

Jessika:

....

....

Amélie:

....

....

b) Die Kosten eines Autoführerscheins liegen bei ca. 2000 €. Gib an, wie viel Prozent jeweils erreicht wurden.

....

....

David hat .... %, Jessika hat .... % und Amélie hat .... % erreicht.

c) Was muss regelmäßig pro Monat zurückgelegt werden, damit 2000 € erreicht werden können?

In 2 Jahren: ....

In 3 Jahren: ....

In 4 Jahren:

d) Zu welcher Person gehört die gestrichelte Linie in der Grafik rechts? Begründe deine Antwort

....

....

....

....

....

....

....

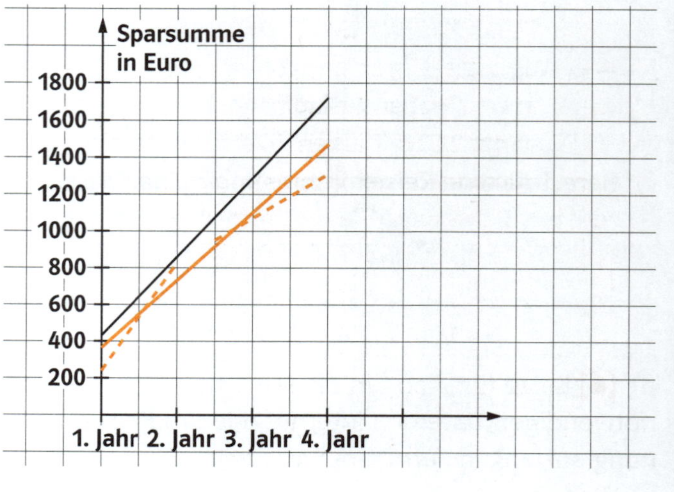

 ▻ Schülerbuch, Seite 7 bis 18

2 Nadine arbeitet noch nicht lange in einer neuen Firma. Sie ist zuständig für die Buchhaltung und Personalfragen. Für ein bald anstehendes Einstellungsgespräch verschafft sie sich einen Einblick in die Firmengehälter. Sie überlegt, was ein Durchschnittsgehalt in der Firma ist. Folgende Varianten rechnet Nadine durch.

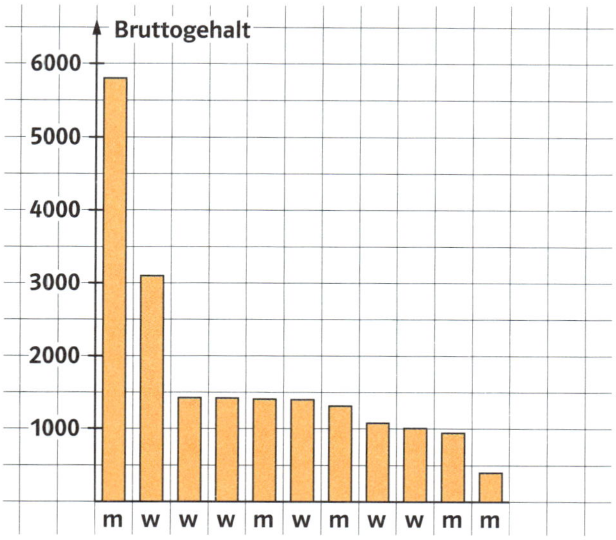

Bruttogehalt	weibl.	männl.
5800,00 €		×
3100,00 €	×	
1423,00 €	×	
1420,00 €	×	
1405,00 €		×
1398,00 €	×	
1309,00 €		×
1076,00 €	×	
1007,00 €	×	
943,00 €		×
400,00 €	×	

a) Ich nehme den kleinsten und den größten Wert. Das Ergebnis teile ich durch zwei.

....

b) Ich lese den Median ab.

....

c) Ich nehme das arithmetische Mittel (Durchschnitt).

....

d) Ich nehme den Mittelwert ohne die Ausreißer 400 €, 3100 € und 5800 €.

....

e) Ich vergleiche das Durchschnittsgehalt von Männern und Frauen: Frauen verdienen im Schnitt .... €

und die Männer .... €. Damit verdienen die Frauen in dieser Firma .... % weniger als die Männer.

Das ist .... als die Durchschnitts-Differenz von 24 %.

f) Welcher Wert beschreibt am besten ein mittleres Gehalt? Erkläre warum.

....

....

3 Suche aus den vielen Angaben die wesentlichen Zahlen und beantworte die Fragen:

Marvin lebt allein und zahlt in seiner Wohnung nach der letzten Mietkürzung 386,50 € Miete. Er hat eine Gehaltserhöhung von 6,1 % auf sein Bruttogehalt von 2481,41 € bekommen und zusätzlich eine Einmalzahlung von 400 € netto. Seine Lohnsteuer betrug vorher monatlich 378,85 € und jetzt monatlich 422,91 €. In der Kirche ist er nicht. Stimmt es, dass sich für Marvin bei 20,53 % Sozialabgaben eine Erhöhung dieser Abgaben von 31,04 € ergibt und das Nettogehalt trotzdem um 73,53 € steigt? Denn das behauptet Marvin. Und obwohl er sich wundert, dass Netto nur 4,7 % mehr bei ihm ankommt, freut er sich, dass er sich endlich einen neuen Schrank kaufen kann. Er braucht diesen Nettogewinn nur zwei Monate sparen und die Einmalzahlung dazu nehmen, dann fehlen nur noch 1,94 €. Was kostet der Schrank? Nach zehn Wochen hat Marvin die Schrankteile endlich besorgt und auf dem Wohnzimmerfußboden zusammengebaut. Er ist 2,50 m hoch, 80 cm breit und 60 cm tief. Kann der Schrank in einem Raum mit 2,53 m Deckenhöhe aufgestellt werden? Beim Aufbau des Schranks entdeckt er in der Ecke des Raums Schimmel. Da der Vermieter sich auf Anfrage nicht darum kümmert, hat Marvin nach drei Monaten die Miete um 5 % gekürzt. Dies entlastete ihn allerdings nur wenig, denn vor einem halben Jahr erst wurde die Miete um 20 % erhöht. Das war rechtmäßig, weil die Miete viele Jahre gar nicht erhöht worden ist.

a) Wie hoch war die Miete vor sieben Monaten?

....

b) Wie hoch ist die Miete nach der Kürzung?

....

1 Gib zu den Scheitelpunkten der verschobenen Normalparabeln die Funktionsvorschrift an.

a) S(−5 | 0) f(x) = ...

b) S(4 | 6) f(x) = ...

c) S(3 | −4) f(x) = ...

d) S(0 | 4) f(x) = ...

e) S(−2,5 | −1,5) f(x) = ...

f) S(1,8 | 2,4) f(x) = ...

2 Bestimme die Scheitelpunktkoordinaten und die Funktionsvorschriften der Graphen.

f(x) = ... S(.........|.........)

g(x) = ... S(.........|.........)

h(x) = ... S(.........|.........)

i(x) = ... S(.........|.........)

j(x) = ... S(.........|.........)

k(x) = ... S(.........|.........)

l(x) = ... S(.........|.........)

m(x) = ... S(.........|.........)

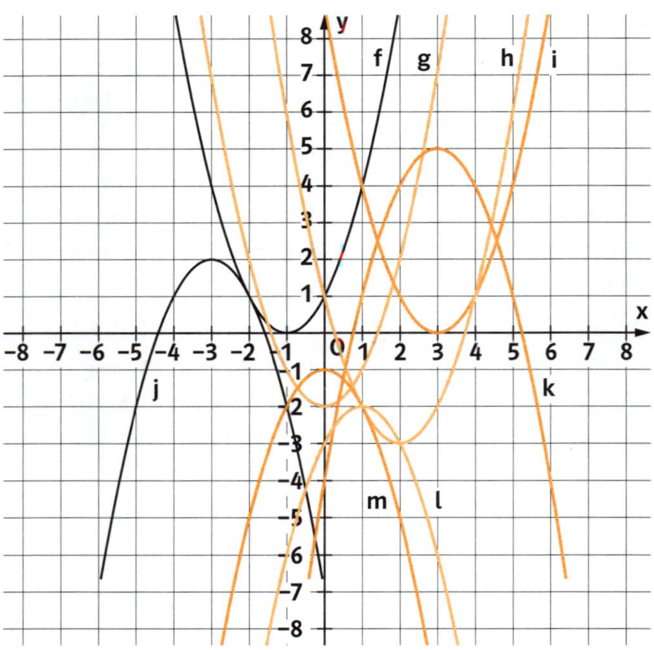

3 Wo liegt der Scheitelpunkt der zugehörigen Parabel?

a) $f(x) = (x-3)^2 - 2$ S(.........|.........)

b) $f(x) = (x+2)^2 - 3$ S(.........|.........)

c) $f(x) = (x+2{,}5)^2 + 4$ S(.........|.........)

d) $f(x) = (x-7)^2 + 3{,}5$ S(.........|.........)

e) $f(x) = (x-1{,}5)^2 - 2{,}7$ S(.........|.........)

f) $f(x) = (x+4{,}8)^2$ S(.........|.........)

4 Berechne die fehlenden Werte in den Wertetabellen. Beginne mit S im markierten Feld. Zeichne dann die zugehörigen Graphen.

a) $f(x) = (x-2)^2 + 0{,}5$

x	−1	0	1	2	3	4	5
f(x)				0,5			

b) $g(x) = 2 \cdot (x+0{,}5)^2 + 1$

x	−2	−1,5	−1	−0,5	0	0,5	1
g(x)							

c) $h(x) = 0{,}5 \cdot (x-2{,}5)^2 - 2{,}5$

x	1	1,5	2	2,5	3	3,5	4
h(x)							

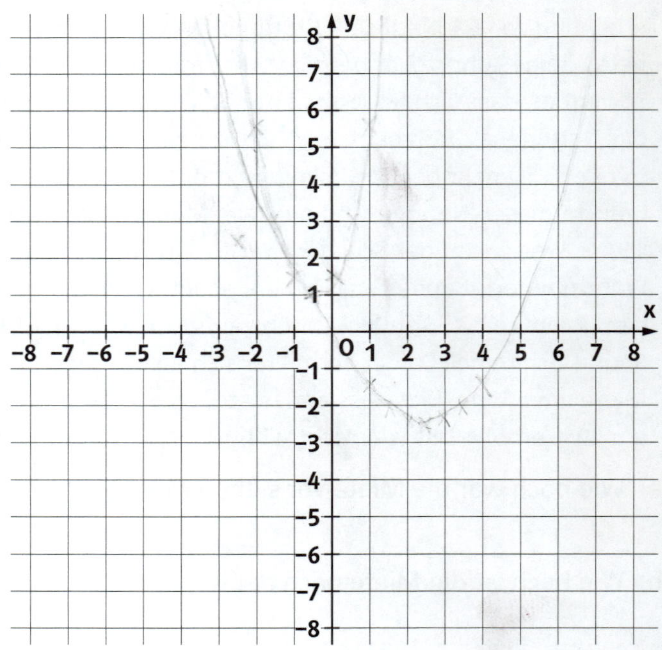

1 Überführe die Funktionsgleichungen durch Ausmultiplizieren von der Scheitelpunktform in die Normalform.

a) $f(x) = (x - 2)^2 + 3$

$f(x) =$ ....

$f(x) =$ ....

$f(x) =$ ....

$f(x) =$ ....

b) $f(x) = 4(x + 2)^2$

$f(x) =$ ....

$f(x) =$ ....

$f(x) =$ ....

$f(x) =$ ....

c) $f(x) = 2(x + 3)^2 - 4$

$f(x) =$ ....

$f(x) =$ ....

$f(x) =$ ....

$f(x) =$ ....

2 Mache zur Funktionsgleichung $f(x) = -0{,}5x^2 + 3x - 0{,}5$ mithilfe der ausgefüllten Wertetabelle Aussagen über die Lage und die Form des zugehörigen Graphen.

x	0	1	2	3	4	5	6
f(x)							

....

....

....

3 Fülle zur Funktionsgleichung $f(x) = x^2 - 4x + 3$ die Wertetabelle aus und gib an, wo der zugehörige Graph die x-Achse schneidet.

x	0	+1	2	3	4
f(x)					

Der Graph schneidet die x-Achse bei

$x_1 =$ .... und $x_2 =$ ....

Tipp

Quadratische Gleichungen der Form $ax^2 - c = 0$ haben die Lösungen

$x_1 = +\sqrt{\frac{c}{a}}$ und $x_2 = -\sqrt{\frac{c}{a}}$.

Beispiel: $3x^2 - 24 = 0 \quad | +24$

$3x^2 = 24 \quad | :3$

$x^2 = 8 \quad |$ Wurzel ziehen

$x_1 = +\sqrt{8}$ und $x_2 = -\sqrt{8}$

4 Löse wie im Tipp.

a) $3x^2 - 27 = 0$

....

....

....

b) $\frac{1}{2}x^2 - 2 = 0$

....

....

....

5 Löse.

a) $(x + 2)^2 - 1 = 0 \quad | +1$

$(x + 2)^2 = 1 \quad | \sqrt{\ }$

$=$ ....

$x_1 =$ ....

$x_2 =$ ....

b) $2(x + 1)^2 = 18$

....

....

....

c) $4(x - 3)^2 - 3 = 61$

....

....

....

....

▻ Schülerbuch, Seite 27, 30 bis 31

Tipp 1

Mithilfe der **quadratischen Ergänzung (QE)** kann man bei einer quadratischen Funktion der Form $f(x) = x^2 + bx + c$ die Koordinaten des Scheitelpunktes bestimmen.

Beispiel: $f(x) = x^2 - 8x - 4$

Faktor vor x halbieren und dann quadrieren:

$\left(\frac{8}{2}\right)^2 = 4^2 = 16$

Diesen als QE in die rechte Seite der Gleichung einfügen und wieder abziehen:

$f(x) = x^2 - 8x + 16 - 16 - 4$

Binomische Formel anwenden und Zahlen zusammenfassen:

$f(x) = (x - 4)^2 - 20$

Die Scheitelpunktkoordinaten sind $S(4|-20)$.

Tipp 2

Quadratische Gleichungen der Form $0 = a \cdot x^2 + b \cdot x + c$ können in drei Schritten gelöst werden:

1. durch a dividieren
2. mit quadratischer Ergänzung zur Scheitelpunktform führen
3. Lösungen bestimmen

Beispiel:

1.	$0 = 2x^2 + 8x - 42$	$\mid :2$
	$0 = x^2 + 4x - 21$	
2.	$0 = x^2 + 4x + 2^2 - 2^2 - 21$	
	$0 = (x + 2)^2 - 25$	$\mid +25$
3.	$25 = (x + 2)^2$	$\mid \sqrt{\ }$
	$\pm 5 = x + 2$	$\mid -2$
	$x_1 = 5 - 2 = 3;\ x_2 = -5 - 2 = -7$	

1 Bestimme die Koordinaten des Scheitelpunktes.

a) $f(x) = x^2 + 10x + 15$

....

b) $f(x) = x^2 - 14x - 21$

....

2 Bestimme ebenso die Scheitelpunktkoordinaten. Nicht vergessen: Zuerst den Faktor vor x^2 ausklammern.

a) $f(x) = 3x^2 + 24x + 6$

....

b) $f(x) = -x^2 + 5x + 2$

....

3 Suche die quadratische Ergänzung.

a) $f(x) = x^2 + 8x + 7 = (x + 4)^2 - 9$

b) $f(x) = x^2 - 12x + 1 = (x - 6)^2 - 35$

c) $f(x) = x^2 - 10x + 25 = (x - 5)^2$

d) $f(x) = x^2 + 20x + 50 = (x + 10)^2 - 50$

e) [●] $f(x) = x^2 + 5x + 1 = (x + 2{,}5)^2 - 5{,}25$

4 Löse wie im Tipp 2.

a) $2x^2 + 12x + 10 = 0$

....

b) $3x^2 - 54x - 189 = 0$

....

c) [●] $f(x) = -4x^2 + 12x + 16$

....

1 Die Flugbahn eines Golfballes kann durch die abgebildete Parabel beschrieben werden.

a) Zeichne den Ursprung des Koordinatensystems in den Scheitelpunkt der Flugbahn ein und berechne a für die Funktionsgleichung $f(x) = a \cdot x^2$.

....

....

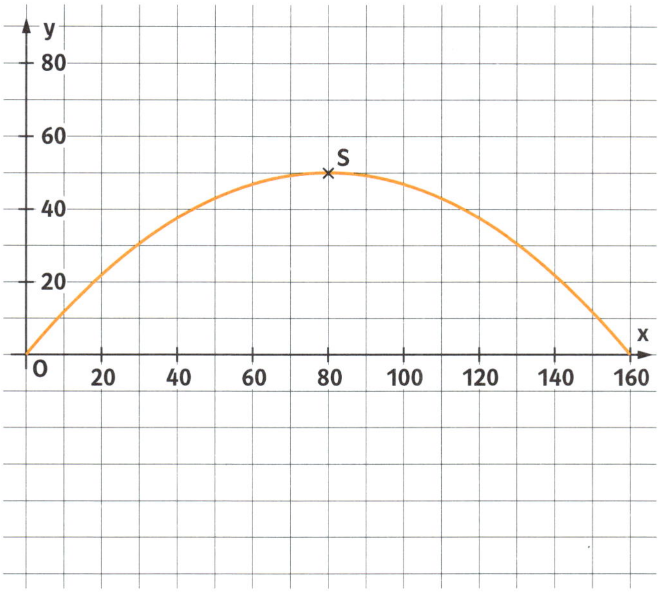

b) Beschreibe, wie du nun eine Funktionsgleichung in der Form $f(x) = a(x - x_S)^2 + y_S$ für die Flugbahn des Golfballes bilden kannst.

....

....

....

....

2 Eine parabelförmige Wasserfontäne in einem Brunnen lässt sich durch die Funktionsgleichung $f(x) = -0{,}875 \cdot x^2 + 3{,}5 \cdot x$ beschreiben.

a) Wie hoch liegt der Scheitelpunkt der Fontäne über der Wasseroberfläche des Brunnens?

....

....

....

....

....

....

b) Wie weit liegen Anfang und Ende des Fontänenbogens auseinander?
Löse zeichnerisch und rechnerisch!

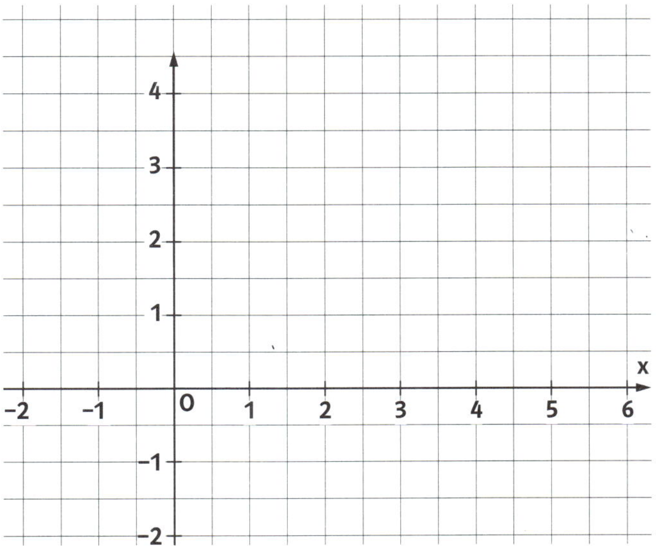

....

....

....

....

....

....

....

....

Parabeln und ihre Funktionsgleichungen lassen sich gut mithilfe von
- Funktionsplottern,
- dynamischer Geometriesoftware oder
- grafikfähigen Taschenrechnern untersuchen.

Haltet eure Ergebnisse hier schriftlich fest.

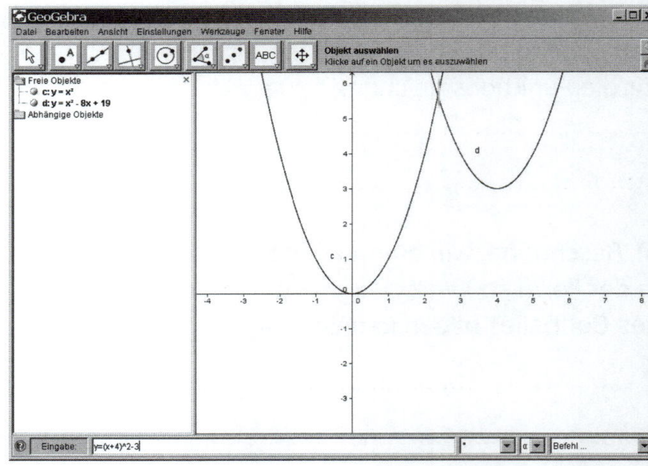

1 [💻] Zeichne die Graphen zu folgenden Funktionen. Schreibe jeweils die Scheitelpunktkoordinaten auf.

a) $f(x) = (x - 4)^2 + 3$ S(.........|.........)

b) $f(x) = (x + 4)^2 - 3$ S(.........|.........)

c) $f(x) = (x - 3)^2 + 4$ S(.........|.........)

d) $f(x) = (x + 3)^2 - 4$ S(.........|.........)

2 [💻] Zeichne Graphen von quadratischen Funktionen der Form $f(x) = (x - x_S)^2 + y_S$.

a) Schreibe auf, was sich an der Lage des Scheitelpunkts ändert, wenn du x_S und y_S variierst.

....

....

....

....

b) Erzeuge mindestens drei Parabeln, deren Scheitelpunkte auf einer Geraden liegen. Skizziere deine Ergebnisse im Koordinatensystem unten.

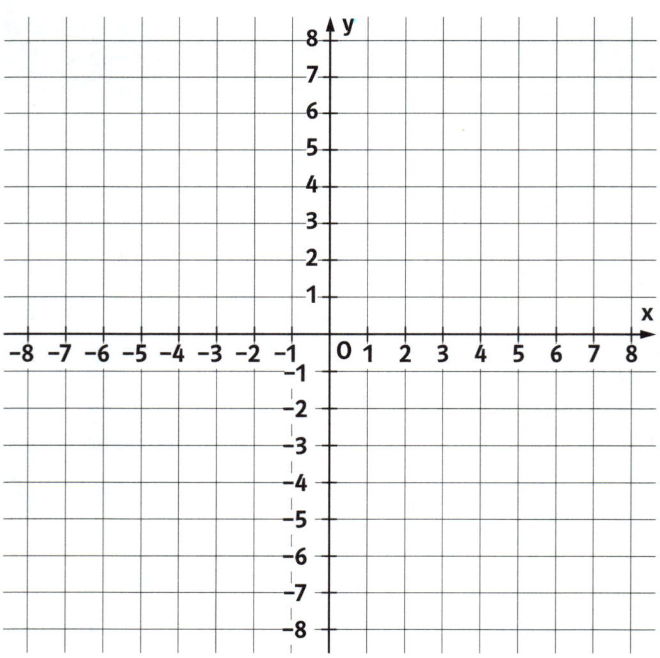

3 [💻] Erzeuge diese Parabeln und gib die passenden Funktionsgleichungen an.

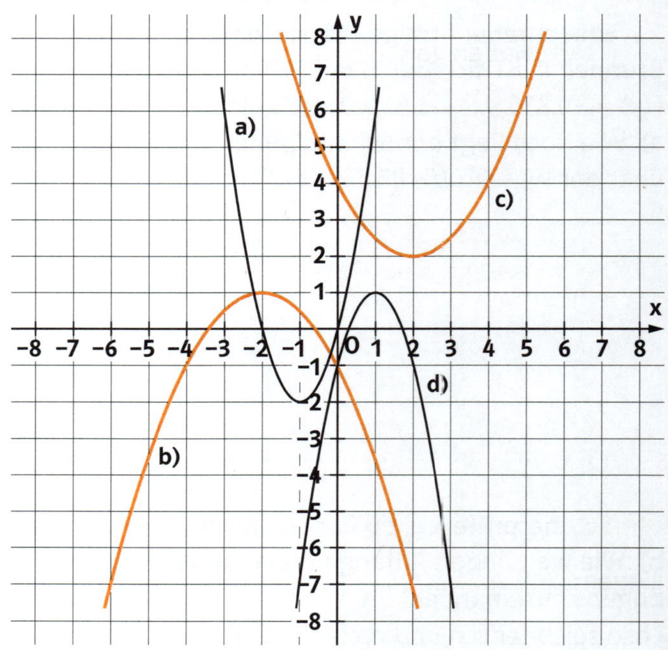

zu a) ....

....

zu b) ....

....

zu c) ....

....

zu d) ....

....

Untersuchungen mit Dynamischer Geometriesoftware > Schülerbuch, Seite 22

Überlege mithilfe des Lernrückblicks, ob du alles verstanden hast.

1 Ich kenne mich mit quadratischen Funktionen aus, denn ....

....

....

....

....

2 Die Koordinaten des Scheitelpunktes einer Funktionsgleichung in Scheitelpunktform bestimme ich so:

....

....

....

3 a) Wenn ich die Normalform einer Funktionsgleichung in die Scheitelpunktform bringe, gehe ich folgendermaßen vor: ....

....

....

....

b) Die Nullstellen einer Parabel finde ich aus ihrer Scheitelpunktform, indem ich ....

....

....

....

4 So überprüfe ich, ob Punkte, deren Koordinaten ich kenne, auf der Parabel zu einer Funktionsgleichung liegen: ....

....

....

....

5 Entscheide dich.

☐ Ich fühle mich fit im Bereich „Quadratische Funktionen“ und mache den Test auf der nächsten Seite.

☐ Bevor ich den Test mache, übe ich erst noch Folgendes: ....

....

 ▻ Schülerbuch, Seite 19 bis 40

[mittel]

1 Gib die Funktionsgleichung zu den Graphen a und b an.

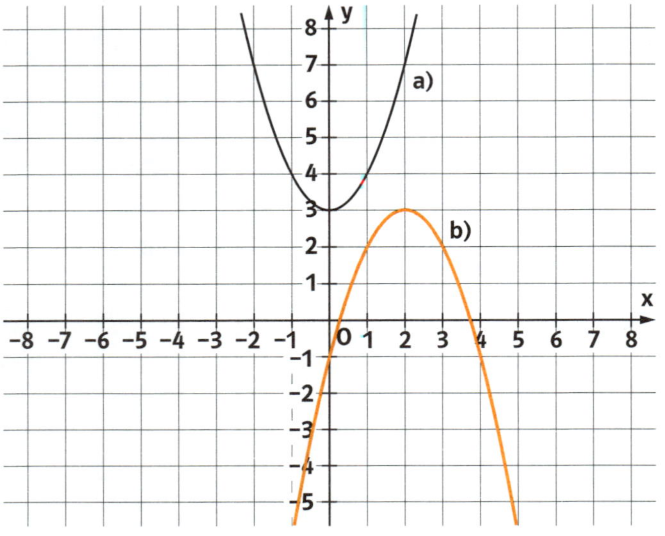

zu Graph a): ....

zu Graph b): ....

2 Wo liegt der Scheitelpunkt des Graphen?

$f(x) = x^2 - 2,5$ S(.........|.........)

$g(x) = (x + 1,5)^2$ S(.........|.........)

$h(x) = (x - 0,8)^2 - 7$ S(.........|.........)

3 Überführe die Funktionsgleichung in ihre Normalform.

$f(x) = 3(x + 2)^2 + 6$

f(x) = ...

f(x) = ...

4 Löse die quadratische Gleichung.

$4x^2 - 16 = 0$

....

....

....

[schwieriger]

1 Gib die Funktionsgleichung zu den Graphen a und b an.

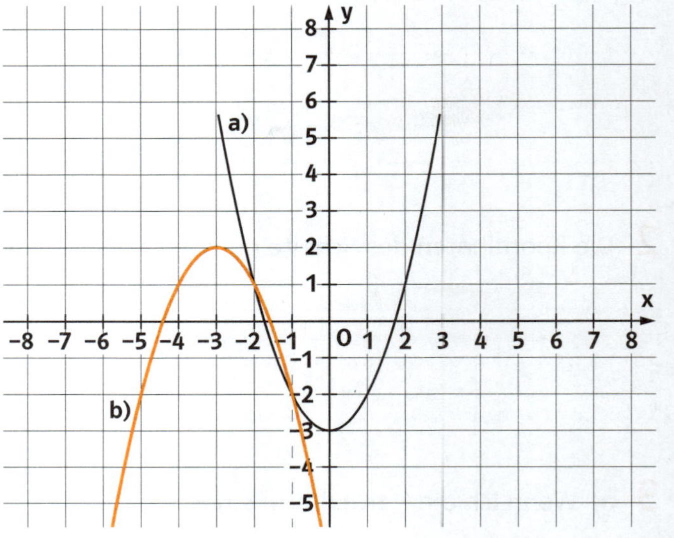

zu Graph a): ....

zu Graph b): ....

2 Gib zu den Scheitelpunkten die Funktionsgleichung der verschobenen Normalparabel an.

S(3|6) f(x) = ...

S(−4|0) g(x) = ...

S(−2|−1,6) h(x) = ...

3 Überführe die Funktionsgleichung in ihre Normalform.

$f(x) = 2(x + 2,5)^2 + 2,5$

f(x) = ...

f(x) = ...

4 Löse die quadratische Gleichung.

$x^2 + 6x + 5 = 0$

....

....

....

Prüfe anhand der Lösungen in der Beilage.

Die Stahlseile dieser Hängebrücke sind in einer Höhe von 80 m über der Fahrbahn an den Pfeilern befestigt.

1 Das Stahlseil hängt parabelförmig zwischen den Brückenpfeilern.

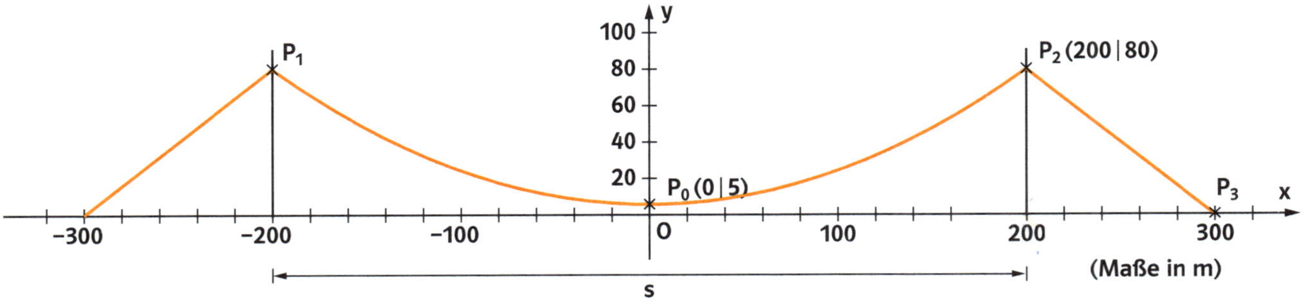

a) Wie hoch hängt das Stahlseil an seiner tiefsten Stelle über der Fahrbahn? .... m

b) Wie viele Meter beträgt der Abstand s zwischen den beiden Pfeilern? .... m

c) Der Punkt P_2 hat die Koordinaten $P_2(200 | 80)$. Gib die Koordinaten von P_1 an. P_1(............|............)

d) Welche der Funktionsgleichungen gehört zu der Parabel, die den Verlauf des Stahlseils beschreibt?

A: $f(x) = -0{,}001875 \cdot x^2 + 5$ B: $f(x) = 0{,}001875 \cdot x^2 + 5$ C: $f(x) = 0{,}001875 \cdot x^2 - 5$

Schreibe die richtige Funktionsgleichung auf. ....

Beschreibe, woran du erkannt hast, dass die beiden anderen Funktionsgleichungen die Parabel **nicht** beschreiben. ....

....

....

e) Berechne die Länge des Halteseils zwischen den Punkten P_2 und P_3.

....

....

....

2 Dies ist eine andere Hängebrücke, deren Hauptseil in einer Höhe von 48 m über der Straße ebenfalls parabelförmig an den Brückenpfeilern hängt. Die Funktionsgleichung dieser Parabel lautet
$f(x) = 0{,}002 \cdot x^2 + 3$.

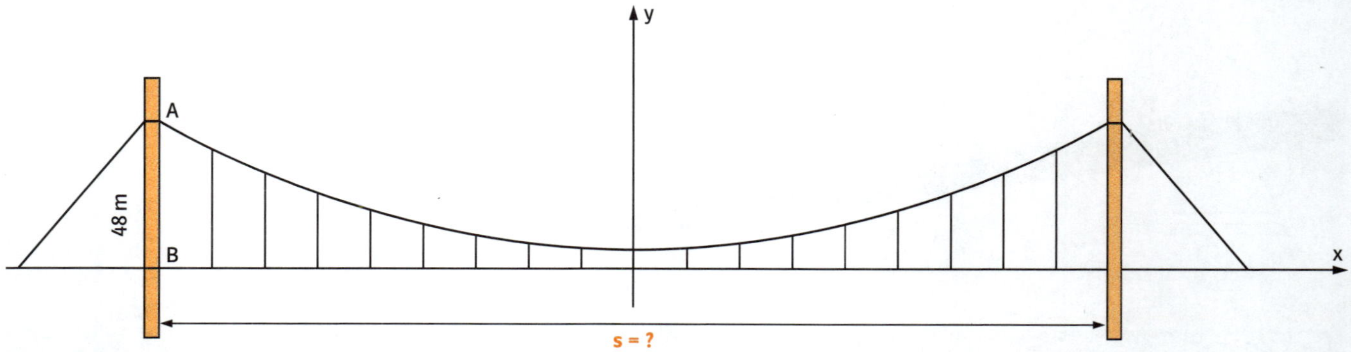

a) Berechne mithilfe der Funktionsgleichung den Abstand zwischen den Brückenpfeilern.

....

....

....

b) Schätze, in welchem Maßstab die Brücke gezeichnet ist. 1 : ....

Berechne nun mithilfe der Strecke $\overline{AB}$ den Maßstab. ....

....

3 Der Brückenbogen dieser Brücke lässt sich mit der Funktionsgleichung $f(x) = -0{,}007 \cdot x^2 + 1{,}3 \cdot x$ beschreiben.

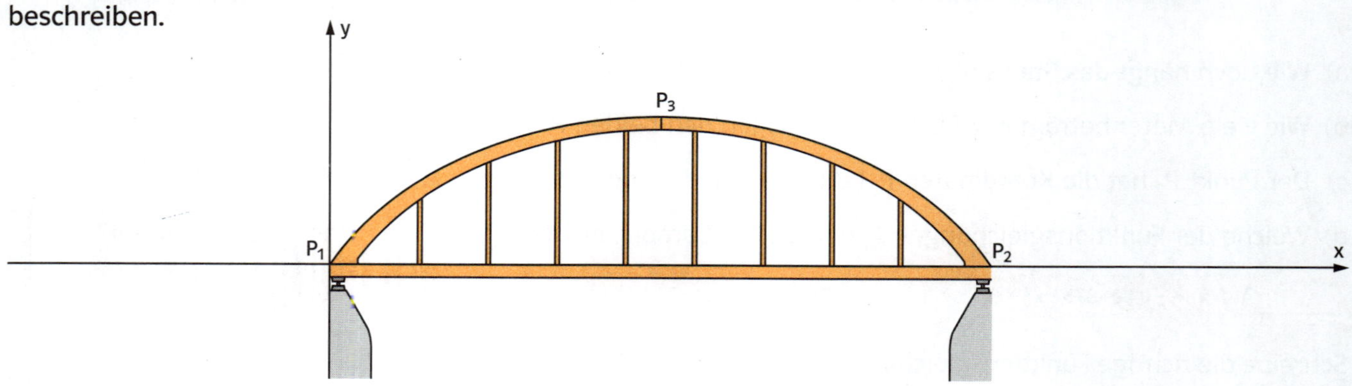

a) Berechne, wie weit die Fußpunkte P_1 und P_2 auseinander liegen.

....

....

....

b) Berechne die maximale Höhe des Brückenbogens in Punkt P_3 über der Fahrbahn x.

Ich weiss alles :)

Ich bin zu gut für diese Aufgabe!

....

Tipp

... zur Berechnung des **Volumens** einer **quadratischen Pyramide**

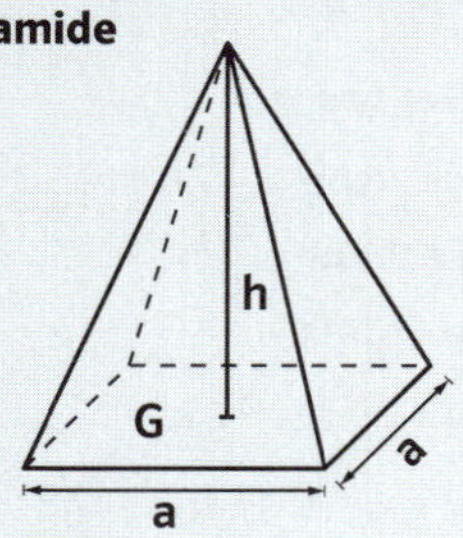

G: Grundfläche

Gegeben:
$a = 2\,cm$; $h = 2{,}5\,cm$

Rechnung:
$V = \frac{1}{3} \cdot G \cdot h$
$V = \frac{1}{3} \cdot a^2 \cdot h$, denn $G = a^2$
$V = \frac{1}{3} \cdot (2\,cm)^2 \cdot 2{,}5\,cm$
$V \approx 3{,}3\,cm^3$

1 Berechne das Volumen einer Pyramide mit quadratischer Grundfläche.
Gegeben: $a = 5\,cm$; $h = 8\,cm$

....

....

....

....

....

2 Berechne das Volumen der Pyramiden.

a)

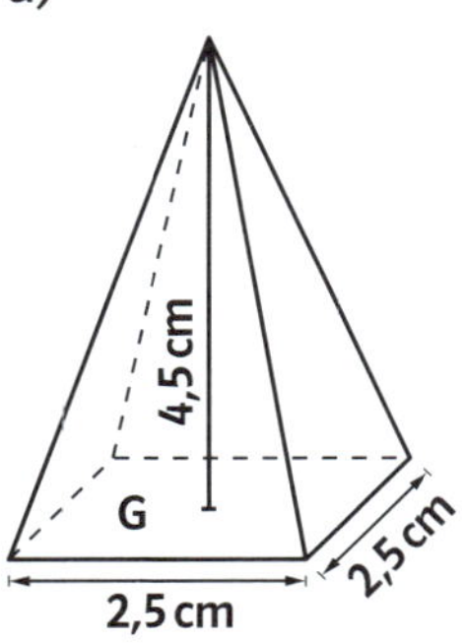

Gegeben:

....

....

Rechnung:

....

....

....

....

....

b)

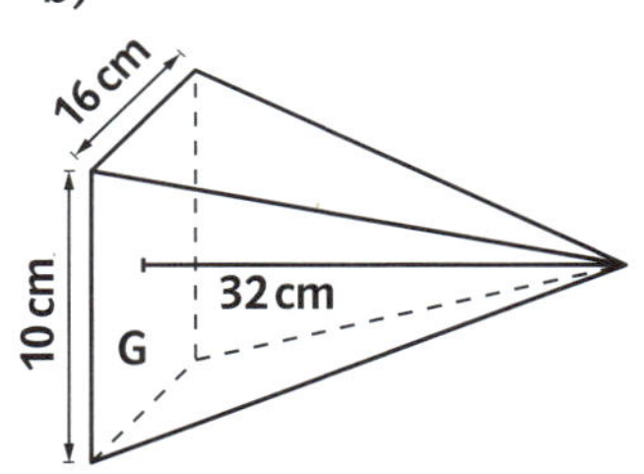

Gegeben:

....

....

Rechnung:

....

....

....

....

....

3 Berechne das Volumen einer Pyramide mit

a) quadratischer Grundfläche.
$a = 5{,}7\,cm$;
$h = 9{,}5\,cm$

....

....

....

....

b) rechteckiger Grundfläche.
$a = 4{,}2\,mm$; $b = 6{,}3\,mm$;
$h = 3{,}5\,mm$

....

....

....

....

c) [●] dreieckiger Grundfläche.
$a = 6{,}4\,m$; $h_a = 2{,}5\,m$;
$h = 12{,}8\,m$

....

....

....

....

d) [●] dreieckiger Grundfläche.
$a = 9{,}1\,dm$; $h_a = 8{,}4\,dm$;
$h = 23{,}9\,dm$

....

....

....

....

4 [●] Das Foto wurde am Karlsruher Marktplatz aufgenommen.

Johann J. F. Weinbrenner errichtete im 19. Jahrhundert die Pyramide, die du im Vordergrund sehen kannst. Wie groß ist wohl ihr Volumen?

....

....

5 Berechne das Volumen des Kegels mit den folgenden Maßen:

a) Gegeben:
r = 3,2 cm; h = 8,5 cm
Rechnung:

b) Gegeben:
d = 9,4 dm; h = 2,8 dm
Rechnung:

6 Berechne das Volumen der Kegel.

a)

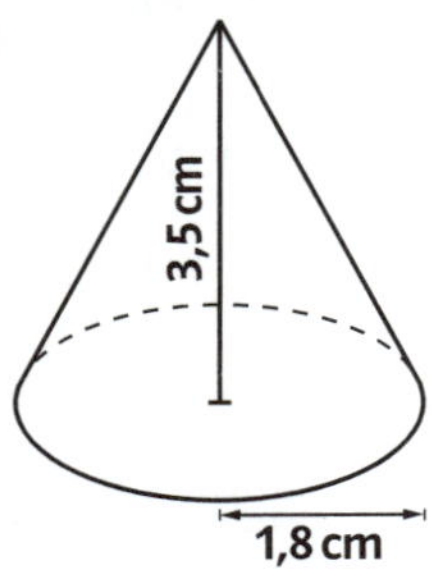

Gegeben:

Rechnung:

b)

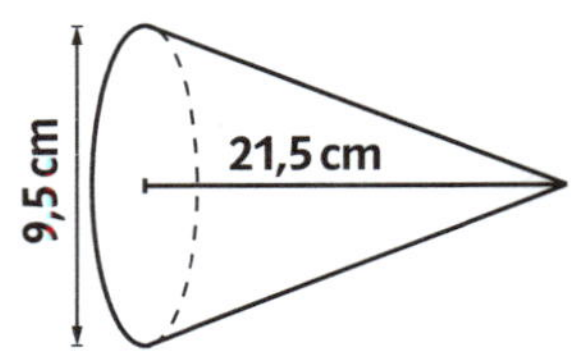

Gegeben:

Rechnung:

7 [●] Handwerker – wie der Maurer – arbeiten mit einem Senklot. Mit dessen Hilfe kann z. B. ermittelt werden, ob eine Wand lotrecht steht.
Wie viel wiegt das abgebildete Senklot aus Stahl, wenn die Dichte von Stahl 7,8 g/cm³ beträgt?

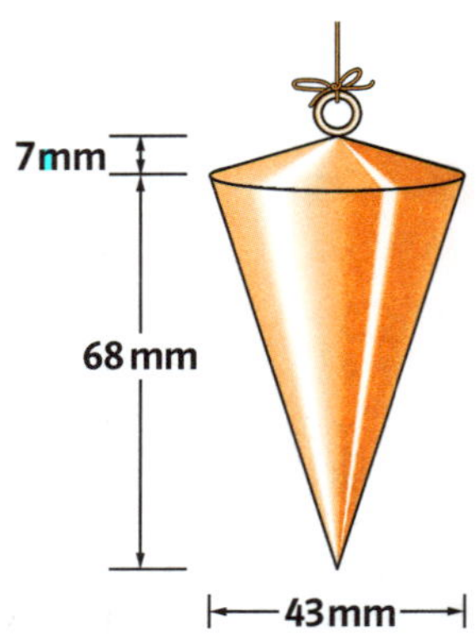

Tipp

… zur Berechnung des **Volumens** eines **Kegels**

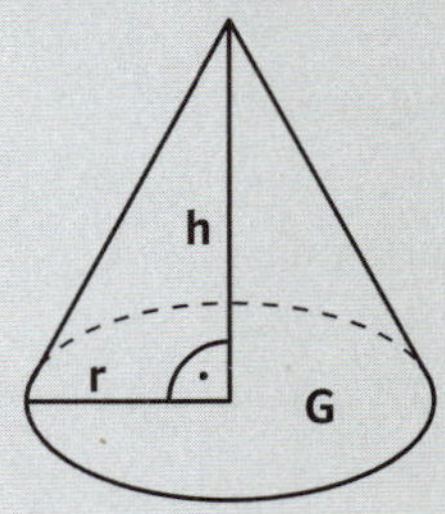

G: Grundfläche

Gegeben:

r = 4 cm; h = 7,5 cm

Rechnung:

$V = \frac{1}{3} \cdot G \cdot h$

$V = \frac{1}{3} \cdot \pi \cdot r^2 \cdot h$

$V = \frac{1}{3} \cdot \pi \cdot (4\,cm)^2 \cdot 7{,}5\,cm$

$V \approx 125{,}7\,cm^3$

8 Von einer quadratischen Pyramide sind folgende Maße bekannt. Berechne die Höhe.

a) $G = 25\,m^2$
$V = 75\,m^3$

b) [●] $a = 9\,mm$
$V = 135\,mm^3$

9 Berechne die fehlenden Größen des Kegels.

a) $G = 42\,m^2$
$V = 112\,m^3$

b) [●] $h = 15\,mm$
$V = 770\,mm^3$

10 [●] Dieses Bild wurde auf der Expo 2000 aufgenommen. Wie viel Raum nimmt der Kegel wohl ein?

▻ Schülerbuch, Seite 46 bis 47

Tipp

… zur Berechnung der **Oberfläche** einer **Kugel**

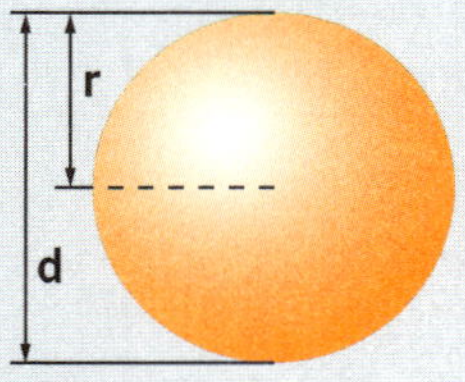

Gegeben:
r = 7 cm

Rechnung:
$O = 4 \cdot \pi \cdot r^2$
$O = 4 \cdot \pi \cdot (7\,cm)^2$
$O \approx 615{,}8\,cm^2$

1 Berechne den Oberflächeninhalt der Kugel.

a) Gegeben:
r = 3,5 m
Rechnung:

b) Gegeben:
d = 9,4 mm
Rechnung:

2 Berechne den Oberflächeninhalt.

a)

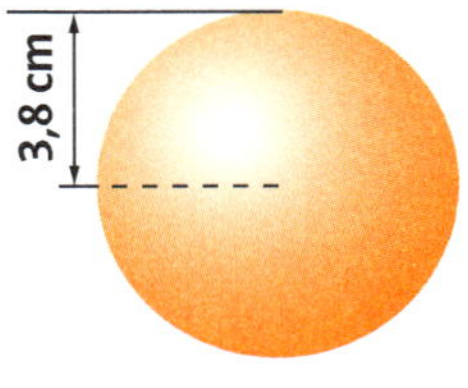

Gegeben:

Rechnung:

b)

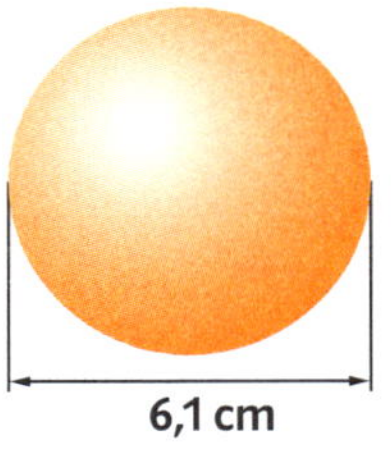

Gegeben:

Rechnung:

3 Berechne den Radius einer Kugel mit einem Oberflächeninhalt von $157\,dm^2$.

4 Berechne die fehlenden Angaben der Bälle.

Fußball
r = 11,1 cm

O = ……

Tischtennisball
d = 40 mm

O = ……

Tennisball
$O = 12\,868\,mm^2$

r = ……

Handball
d = 18,8 cm

O = ……

Gymnastikball
$O = 6636{,}6\,cm^2$

d = ……

5 Eine Moschee besitzt eine vergoldete Kuppel in der Form einer Halbkugel. Der Außendurchmesser der Kuppel beträgt 26 m.

a) Wie groß ist die vergoldete Fläche?

b) [●] $1\,cm^3$ Gold wiegt 19,3 g. Wie viel kg wiegt die Goldschicht, wenn die Kuppel mit einer 0,0001 mm dicken Blattgoldschicht vergoldet wurde?

6 [●] Wie viele Spiegel werden vermutlich für die Herstellung einer Disco-Kugel benötigt?

 ▻ Schülerbuch, Seite 52 bis 54

7 Berechne das Volumen der Kugel.

a) Gegeben:
$r = 6{,}7\,dm$
Rechnung:

b) Gegeben:
$d = 14{,}2\,m$
Rechnung:

8 Berechne das Volumen:

a)

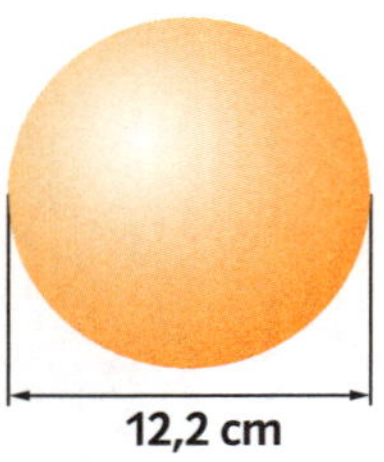

Gegeben:

Rechnung:

b)

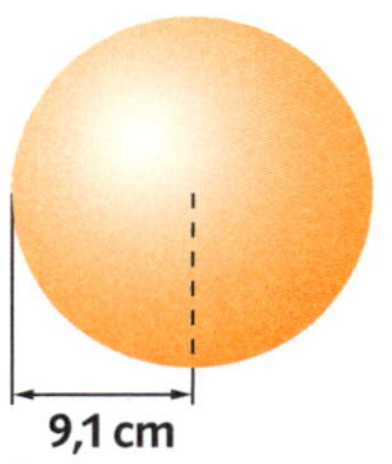

Gegeben:

Rechnung:

9 [●] Berechne den Radius einer Kugel mit dem Volumen $33{,}5\,cm^3$.

10 Wie schwer ist ungefähr

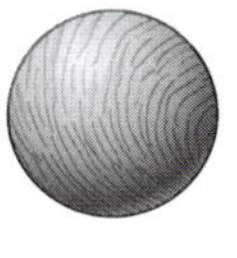

a) eine Holzkugel mit d = 9 cm?
($1\,cm^3$ wiegt 0,7 g)

b) eine Eiskugel mit d = 5,6 cm?
($1\,cm^3$ wiegt ca. 0,9 g)

Tipp

… zur Berechnung des **Volumens** einer **Kugel**

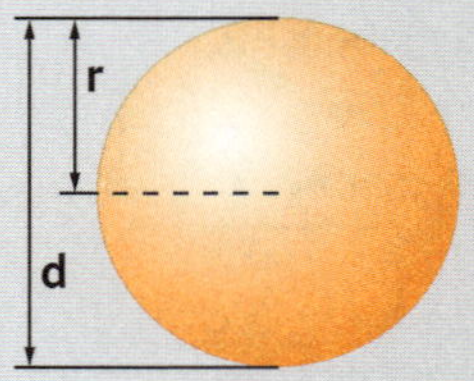

Gegeben:
$r = 7\,mm$
Rechnung:
$V = \frac{4}{3} \cdot \pi \cdot r^3$
$V = \frac{4}{3} \cdot \pi \cdot (7\,mm)^3$
$V = \frac{1}{3} \cdot \pi \cdot (4\,cm)^2 \cdot 7{,}5\,cm$
$V \approx 1436{,}8\,mm^3 \approx 1{,}4\,cm^3$

11 Das *Atomium* in Brüssel hat die Form eines 150-milliardenfach vergrößerten Eisenatoms. Es besteht aus 9 Kugeln mit je 18 m Durchmesser.
Berechne das Gesamtvolumen aller Kugeln.

12 [●] Die Kugel, die beim Kugelstoßen der Männer verwendet wird, hat einen Durchmesser von 11 cm und ein Gewicht von 7,257 kg.
Wie viel wiegt $1\,cm^3$ des verwendeten Metalls?

13 [●●] Der Äquatorumfang der Erde beträgt rund 40 000 km. Berechne den Radius, die Oberfläche und das Volumen der Erde.

▻ Schülerbuch, Seite 52 bis 54

1 Berechne das Volumen des zusammengesetzten Körpers in drei Schritten.

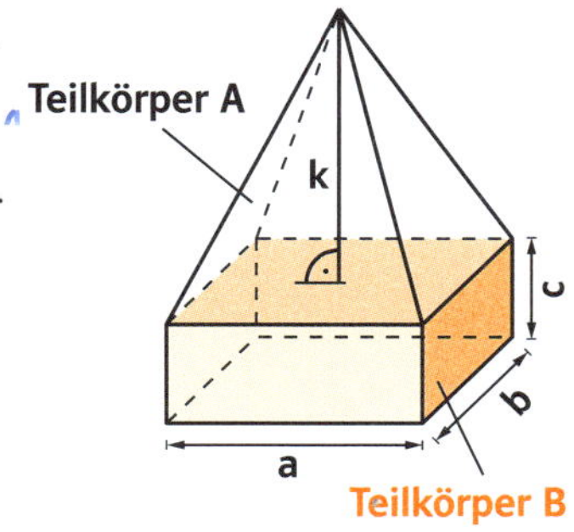

a) Teilkörper A ist eine ……………………

Gegeben:
a = 5 cm; b = 4 cm;
k = 7 cm
Rechnung:

V_A = ……………………

……………………

b) Teilkörper B ist ein ……………………

Gegeben: a = ……………; b = ……………; c = 3 cm
Rechnung:

……………………

c) Das Volumen des Gesamtkörpers beträgt

……………………

……………………

2 Berechne jeweils das Volumen der Körper.

a)

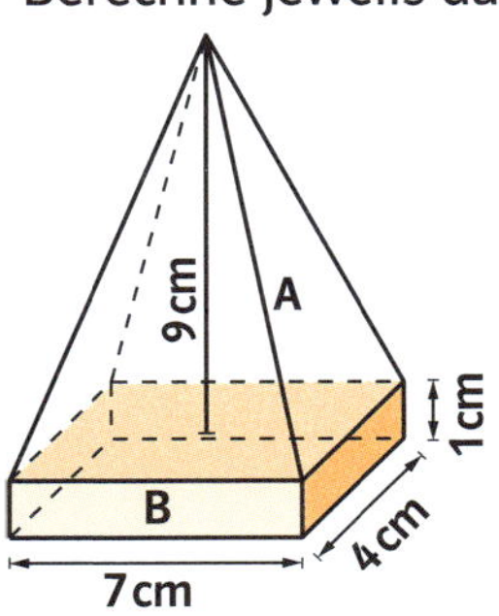

Teilkörper A

……………………

……………………

……………………

Teilkörper B

……………………

……………………

……………………

Gesamtvolumen

……………………

……………………

b)

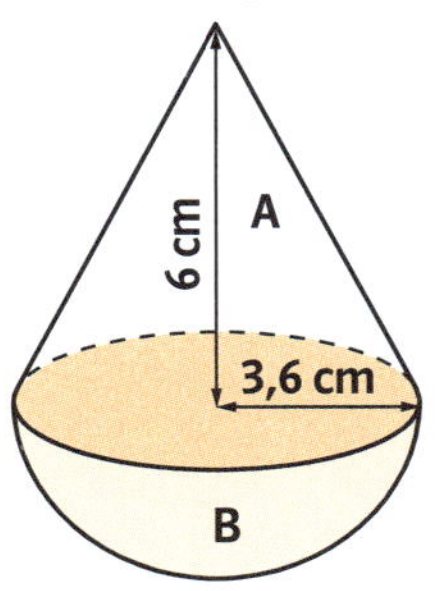

Teilkörper A

……………………

……………………

……………………

Teilkörper B

……………………

……………………

……………………

Gesamtvolumen

……………………

……………………

3 a) Berechne das Volumen des Innenraums des Salzstreuers.

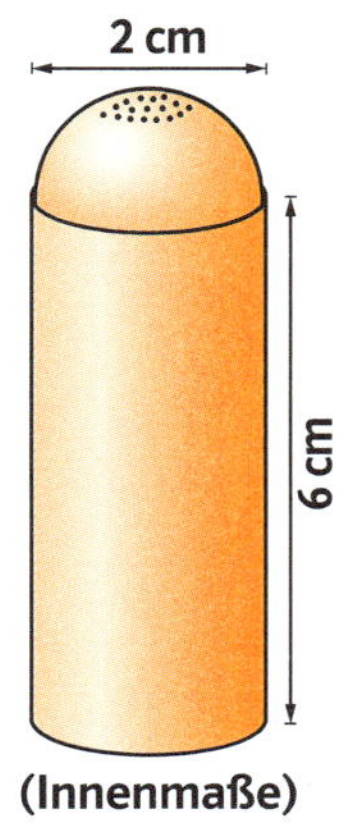

……………………

……………………

b) Das Gefäß ist nur zu 80 % gefüllt. Berechne die enthaltene Salzmenge.

……………………

……………………

……………………

4 a) Berechne das Volumen des Körpers.

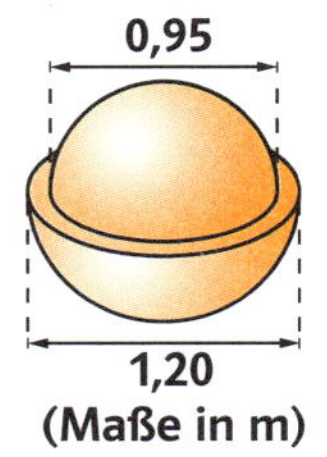

……………………

……………………

……………………

……………………

b) [●] Berechne den Oberflächeninhalt.

……………………

……………………

……………………

5 [●] a) Berechne das Volumen des Körpers.

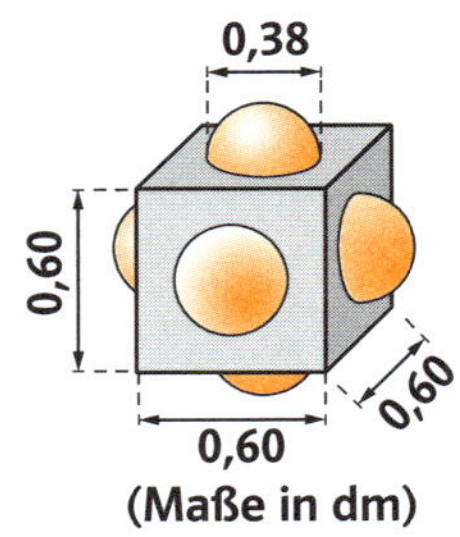

……………………

……………………

……………………

……………………

b) Berechne den Oberflächeninhalt.

……………………

……………………

……………………

6 [●] Wie groß könnte der Rauminhalt der Hütte sein?

……………………

……………………

……………………

Lernrückblick

Überlege mithilfe des Lernrückblicks, ob du alles verstanden hast.

1 a) Das Volumen und den Oberflächeninhalt von folgenden Körpern kann ich berechnen:

....

....

....

....

....

....

b) Beispiele dafür sind

c) Bei meinen Berechnungen achte ich darauf, dass ....

....

....

....

2 Entscheide dich.

☐ Ich fühle mich fit im Bereich „Körper" und mache den Test auf der nächsten Seite.

☐ Bevor ich den Test mache, übe ich erst noch Folgendes: ....

....

Körper ▻ Schülerbuch, Seite 41 bis 58

[mittel]

1 Berechne das Volumen des Körpers.

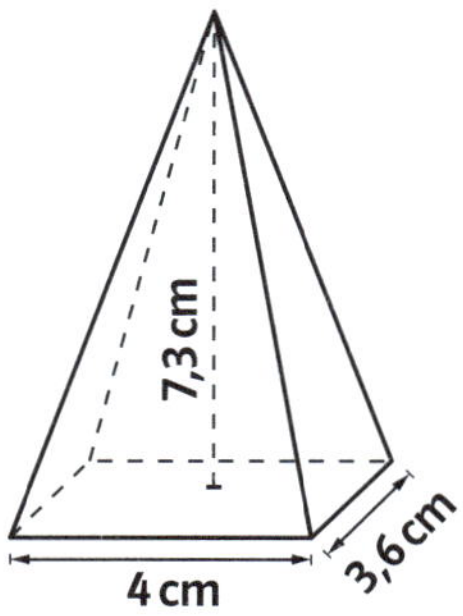

2 Berechne das Volumen des Cocktailglases (d = 10,8 cm; h = 7 cm).

3 Wie groß ist die Oberfläche eines Handballs mit d = 20 cm?

4 Berechne das Gewicht einer Holzkugel mit 14,8 cm Durchmesser (1 cm^3 wiegt 0,5 g).

5 Berechne das Volumen des Körpers.

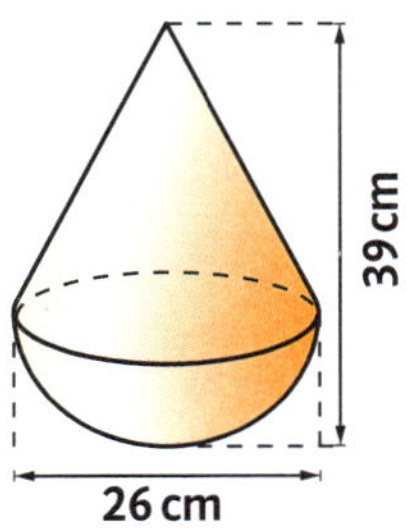

[schwieriger]

1 Berechne die Höhe einer quadratischen Pyramide mit a = 4,2 cm und V = 88,2 cm^3.

2 Berechne den Durchmesser eines Kegels mit V = 195 mm^3 und h = 19 mm.

3 Wie groß ist der Radius einer Kugel mit 188,5 dm^3 Oberfläche?

4 Welchen Durchmesser hat eine Bleikugel von 110 g, wenn 1 cm^3 11,3 g wiegt?

5 Berechne das Volumen des Körpers.

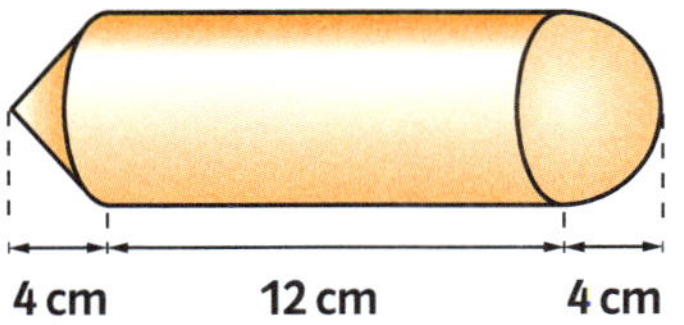

1 Der Künstler *Claas Oldenburg* stellte 1977 drei riesige Betonkugeln her, die in Münster am Aasee stehen.

a) Schätze, wie hoch eine Kugel ist. Kreuze an.

☐ 1,50 m ☐ 3,50 m ☐ 5,50 m

b) Wie schwer wäre eine Kugel, wenn sie massiv wäre?

....

....

....

....

....

c) Aus Protest gegen die Kugeln stellte *André Stücher* eine gleich große 218 Kilogramm schwere Kugel aus Styropor her, die er im Aasee versenkte. War die Kugel massiv? Begründe.

....

....

....

....

Stoff	Dichte (g/cm³)
Beton	2,2
Blei	11,3
Glas	2,5
Gold	19,3
Kork	0,2
Speiseeis	0,08
Styropor	0,03
Titan	4,5

d) Nimm an, *Claas Oldenburg* hätte statt der Kugeln Quader mit dem gleichen Volumen hergestellt. Welche Maße hätten diese?

....

....

....

....

2 Eine ausgewogene Ernährung ist abwechslungsreich und vielfältig. Die Ernährungspyramide zeigt, wie groß der Anteil bestimmter Nahrungsmittel sein sollte.

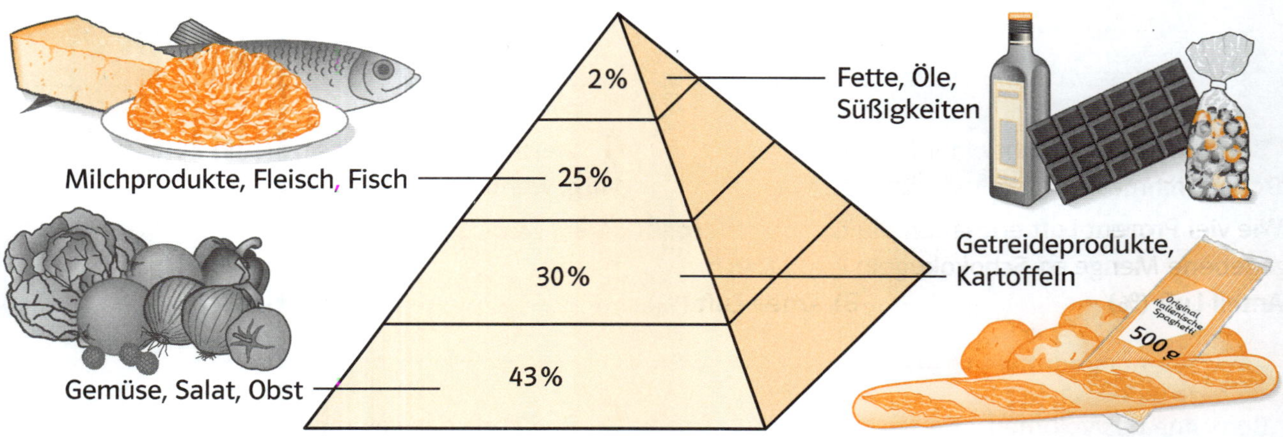

a) Ein Pappmodell der Ernährungspyramide hat eine Kantenlänge von 15 cm und eine Höhe von 12 cm. Berechne das Volumen.

....

....

b) Macht das Volumen der untersten Schicht tatsächlich 43 % des Gesamtvolumens aus? Begründe.

....

....

3 In den abgebildeten Verpackungen werden Schokokugeln verkauft.

a) Schätze, welche Verpackung das größte Volumen hat. Dann rechne aus.

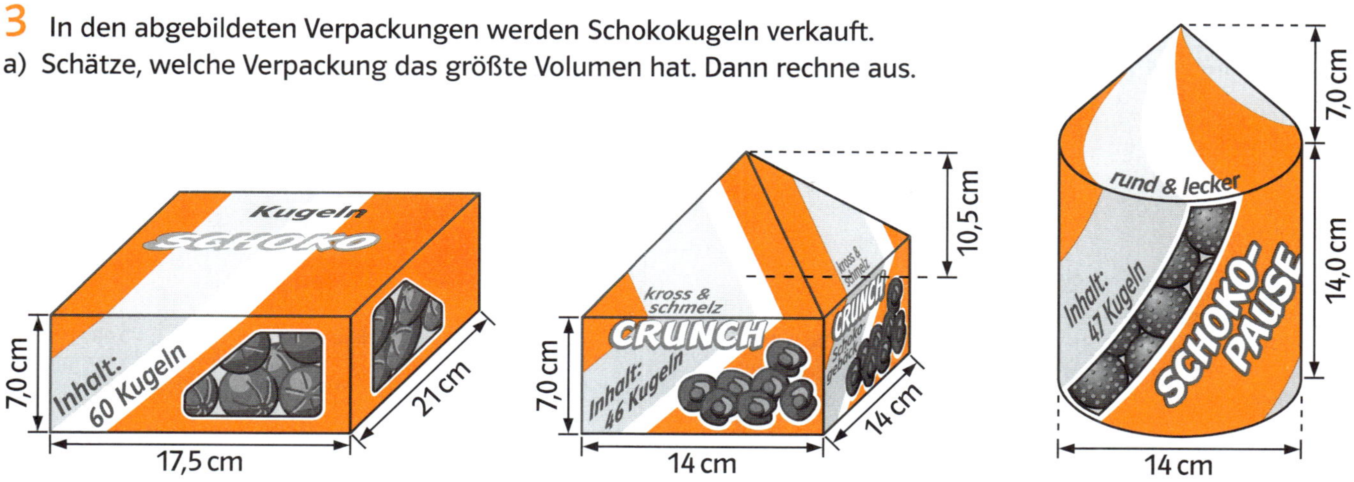

A) Volumen

B) Volumen

C) Volumen

b) Für welche Verpackung wird am wenigsten Material benötigt? Rechne mit 10 % Zuschlag für Verschnitt und Klebefalze.

A) Materialbedarf

B) Materialbedarf

C) Materialbedarf

Am wenigsten Verpackungsmaterial benötigt man für Verpackung ....

c) Wie viel Prozent Luft enthalten die einzenen Verpackungen, wenn sie die angegebene Menge an Schokokugeln enthalten?

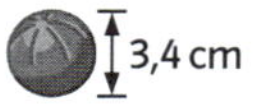

A) Anteil Luft (%)

B) Anteil Luft (%)

C) Anteil Luft (%)

d) Für welche Verpackung würdest du dich entscheiden? Begründe.

1 In der Tabelle sind die Einwohnerzahlen einiger der größten Städte der Welt aufgeführt.

a) Berechne die Wachstumsrate und den Wachstumsfaktor.

Name	Einwohnerzahl in 2000	Einwohnerzahl in 2005	Veränderung	Wachstumsrate	Wachstumsfaktor
Tokyo	34,45 Mio.	35,32 Mio.	*0,87 Mio.*	$\frac{0,87}{34,34}$ = 2,53 %	*1 + 2,53 % = 1,0253*
New York	17,85 Mio.	18,50 Mio.			
Seoul	9,92 Mio.	9,59 Mio.			
Sao Paulo	17,10 Mio.	18,33 Mio.			
Shanghai	12,89 Mio.	12,67 Mio.			
Istanbul	8,74 Mio.	9,76 Mio.			
Berlin	3,38 Mio.	3,40 Mio.			

b) Den größten Zuwachs an Einwohnern hat: ……………………………………

Am schnellsten gewachsen ist: ……………………………………

…………………………………… ist die Stadt, die am stärksten geschrumpft ist.

c) Warum hat die Stadt mit dem größten Einwohnerzuwachs nicht die größte Wachstumsrate?

……………………………………

……………………………………

2 Wie groß ist das Wachstum von deutschen Großstädten?

Name	Einwohnerzahl in 2000	Einwohnerzahl in 2005	Veränderung	Wachstumsrate	Wachstumsfaktor
Köln	962 884			*2,1 %*	
Düsseldorf	569 364				*1,009*
Dresden	477 807	495 181			
Essen	595 243		*- 9813*		
München		1 259 677		*+ 4,1 %*	

3 Die Stadt *Beberberg* hat sich in den letzten Jahrzehnten nicht gut entwickelt. Viele Bürger sind weggezogen, sodass man von 45 000 Einwohnern auf 20 000 geschrumpft ist. Der ehrgeizige neue Bürgermeister hat im Wahlkampf angekündigt, dass die Stadt unter seiner Führung in 10 Jahren wieder die alte Größe hat. Er schätzt, dass er jedes Jahr 10 % neue Bürger anlocken kann.

Wachstumsrate: …………………… Wachstumsfaktor: ……………………

Zu Beginn	nach 1 Jahr	nach 2 Jahren	nach 3 Jahren	Nach 4 Jahren	nach 5 Jahren	nach 10 Jahren
20 000 Einwohner						

Kann der Bürgermeister mit diesem Wachstum sein Ziel erreichen?

……………………………………

1

Lukas Kaufmann ist der jüngste Nachfahre einer uralten Hamburger Händlerfamilie, die bereits im 16. Jahrhundert mit Stoffen handelte. Allerdings waren die letzten Generationen und auch Lukas selbst nicht sehr erfolgreich, sodass er schließlich alles verkaufen musste, auch den uralten Schreibtisch. Beim Entleeren der Schubladen öffnete sich ein Geheimfach und es kam ein Schriftstück aus dem Jahre 1604 zum Vorschein. Wie sich nach einigen Nachforschungen herausstellte, belegt dieses Dokument, dass ein Vorfahr Gold im heutigen Wert von 500 € mit dem festen Zinssatz von 3 % bei der Bodenbeck Bank angelegt hat. Da es diese Bank heute noch gibt, beschließt Lukas, sich die 500€ und die angefallenen Zinsen auszahlen zu lassen.

a) Wie viel Euro muss die Bank Lukas im Jahr 2008 auszahlen? Stelle zunächst die Funktionsgleichung auf.

Anfangswert c = ... Wachstumfaktor a = ...

Funktionsgleichung f(n) = ...

Die Bank muss .... auszahlen.

b) Die *Berenberg Bank* ist nicht damit einverstanden, weil man der Meinung ist, dass es auch unverschuldetete Wertverluste z. B. durch Kriege gegeben hat, die man in der Berechnung berücksichtigen muss. Die Bank macht den Anwälten von Lukas deshalb ein Gegenangebot. Sie bewerten das eingezahlte Gold sogar mit 1000 €, wollen dafür aber nur 2 % Zinsen zahlen. Wie viel Euro würde die Bank dadurch sparen?

....

....

....

c) Stelle die beiden Angebote für die ersten 100 Jahre in einem Schaubild dar.

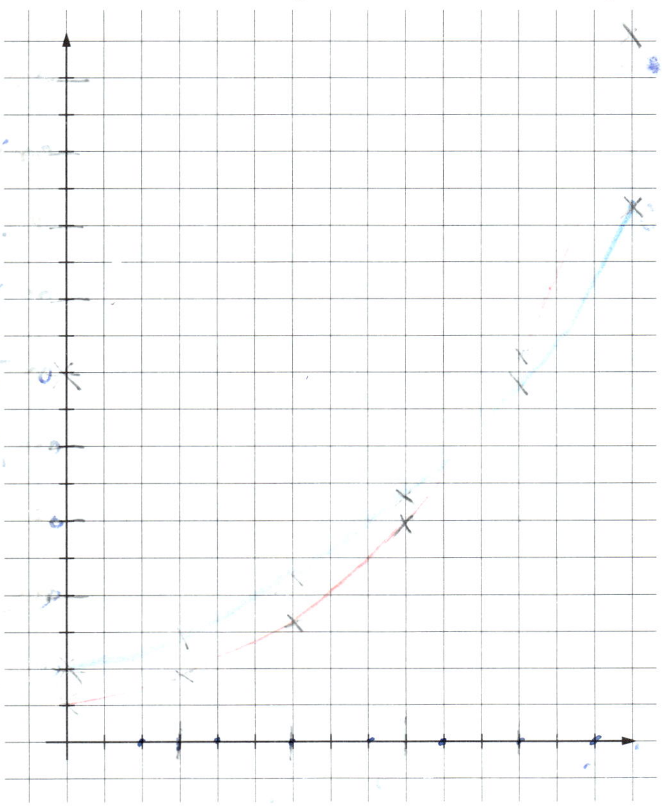

Jahre	0	20	40	60	80	100
Altes Dokument						
Angebot der Bank						

d) Erkläre, wie man am Schaubild erkennen kann, welches Angebot für Lukas besser ist.

....

....

....

e) Welchen Zinssatz hätte der Vorfahr von Lukas verlangen müssen, damit sich die 500 € in einem Jahrhundert bereits auf 1 Mio. € vermehrt hätten?

....

....

....

....

1 Linear, exponentiell oder quadratisch? Fülle die Lücken aus.
(Tipp: Zeichne die Pfeile wie im Schülerbuch auf Seite 68 und 72 in die Wertetabellen ein.)

a)

x	0	1	2	3	4	5
f (x)	0,5	1	1,5			3

Die Funktion ist ………………………………… .
Die Funktionsgleichung lautet
f(x) = …………………………………

b)

x	0	1	2	3	4	5
f (x)	0,5	0,6	0,9	1,4		

Die Funktion ist ………………………………… .
Die Funktionsgleichung lautet
f(x) = …………………………………

c)

x	0	1	2	3	4	5
f (x)	0,5	0,75	1,13			3,8

Die Funktion ist ………………………………… .
Die Funktionsgleichung lautet
f(x) = …………………………………

2 Alles Bio, oder was?

Die Tagesschau berichtete am 13.1.2006 von boomenden Verkaufzahlen von Bioprodukten.
„Im Jahr 2005 sind die Erlöse aus dem Absatz von ökologisch erzeugten Nahrungsmitteln nach vorläufigen ZMP-Schätzungen auf fast vier Milliarden Euro angestiegen. Das entspreche einem Wachstum von […] 15 Prozent gegenüber dem Vorjahr. Eine Tendenz, die bereits mehrere Jahre andauert."
Den letzten Satz kann man auf zwei Arten verstehen: In den letzten Jahren war die Wachstumsrate konstant oder es ist jedes Jahr der gleiche Betrag wie im Vorjahr (0,4 Mrd. Euro) hinzugekommen.

a) Im Jahr 2000 betrug der Umsatz an Bioprodukten noch 2 Mrd. Euro. Erstelle die Wertetabellen und die Funktionsgraphen für eine jährliche Wachstumsrate von 15% bzw. eine jährliche Umsatzsteigerung um 0,4 Mrd. Euro.

Variante 1: Wachstumsrate 15%:

Jahr	2000	2001	2002	2003	2004	2005
Umsatz in Mrd. €						

Variante 2: Zuwachs von 0,4 Mrd. Euro pro Jahr

Jahr	2000	2001	2002	2003	2004	2005
Umsatz in Mrd. €						

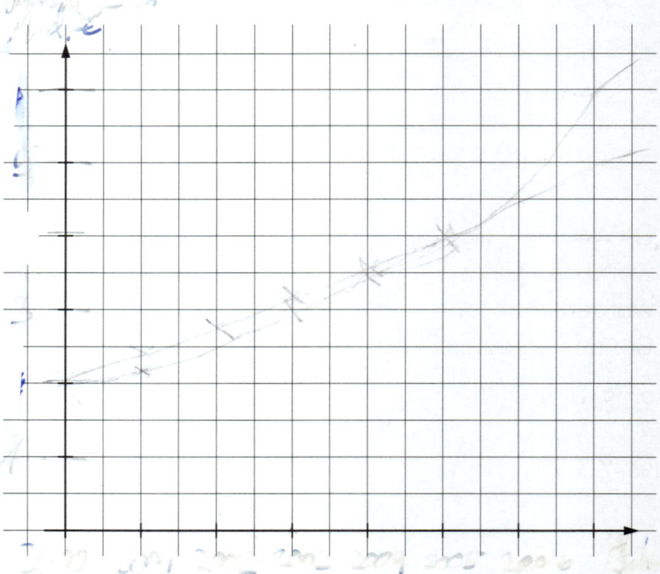

b) Notiere die zugehörigen Funktionsgleichungen.
Variante 1:
f(x) = …………………………………
Variante 2:
f(x) = …………………………………

c) Im Jahr 2007 lag der Umsatz bei 5,4 Mrd. €. Welche Funktionsgleichung gibt die tatsächliche Entwicklung besser wieder? Begründe!

…………………………………
…………………………………
…………………………………

1 a) Nimm dir ein normales DIN-A4-Papier und falte es immer wieder in der Mitte, dabei wird der Papierstapel immer dicker. Beschreibe, wie sich die Dicke durch das Falten ändert. Wie oft schaffst du es, das Papier zu falten?

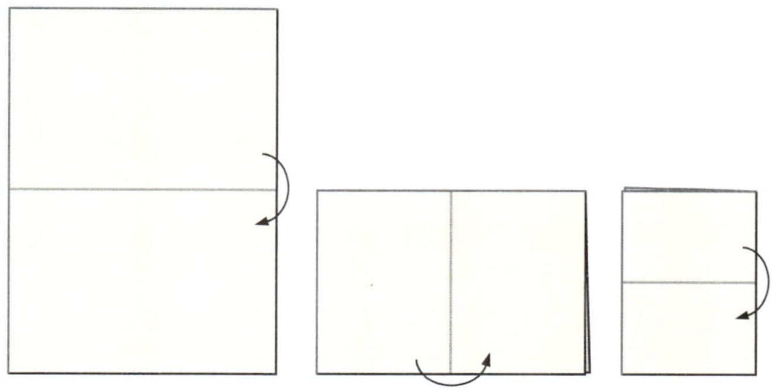

....

....

b) Übliches Schreibpapier ist etwa 0,1 mm dick. Welche Dicke erreicht der Papierstapel, wenn man es mehrfach faltet?

Anzahl der Faltungen n	0	1	2	3	4	5	6	7	8	9
Dicke in mm	0,1									

c) Stelle eine Funktionsgleichung auf, mit der die Dicke in Abhängigkeit von den Faltungen berechnet werden kann.

Anfangswert c = ...

Wachstumsfaktor a = ...

f(n) = ...

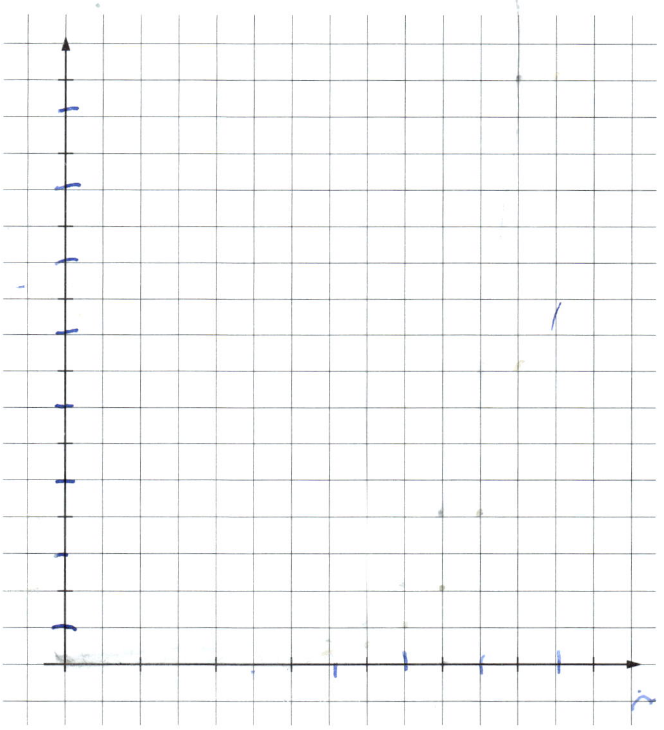

d) Zeichne den Graphen zum Papierfalten in das Koordinatensystem.

e) Tonpapier ist ungefähr doppelt so dick. Zeichne den zugehörigen Funktionsgraphen ebenfalls ein. Wie kann man ohne neue Wertetabelle die zugehörigen Punkte finden?

....

f) Welche Dicke würde man theoretisch erreichen, wenn das Schreibpapier 20-, 30- oder 40-mal gefaltet werden könnte?
Gib das Ergebnis in Metern an.

20 Faltungen: .... 30 Faltungen: .... 40 Faltungen: ....

g) Die Entfernung von der Erde zum Mond beträgt ungefähr 384 401 km (= .... mm).
Wie oft müsste man das Papier falten, damit der entstandene Papierstapel genau bis zum Mond reicht?

....

....

h) Die Grundfläche des Papiers halbiert sich mit jeder Faltung. Wie groß ist die Grundfläche eines DIN-A4-Blattes (21 cm breit, 29,7 cm hoch), nachdem man es 7-mal gefaltet hat?

....

....

 ▻ Schülerbuch, Seite 73 bis 79

Deutschland erzeugt im Jahr 2008 immer noch etwa ein Viertel des Stroms in Atomkraftwerken. Dabei entstehen jedes Jahr ca. 400 Tonnen radioaktiv strahlenden Atommülls, der sich aus verschiedenen Stoffen zusammensetzt. Diese Stoffe zerfallen mit sehr unterschiedlichen **Halbwertszeiten**, die zwischen wenigen Tagen und vielen Millionen Jahren liegen. Die Strahlung des Abfalls ist für den Menschen sehr gefährlich, da bereits geringe Mengen Krebs verursachen. Deshalb vergräbt man diesen Müll in Salzstöcken tief unter der Erde, um die Strahlung abzuschirmen.

Stoff	Halbwertszeit
Caesium-137	30 Jahre
Jod-129	16 000 000 Jahre
Jod-131	8 Tage
Krypton-85	11 Jahre
Plutonium-238	88 Jahre
Plutonium-239	24 110 Jahre
Strontium-90	29 Jahre

1 Löse die folgenden Aufgaben, indem du das Diagramm benutzt.

a) Bestimme die Halbwertszeit des Stoffes, dessen Zerfall im Diagramm dargestellt ist. Um welchen Stoff handelt es sich?

Halbwertszeit: ....

Stoff: ....

b) Zu Beginn sind 60 g *Krypton-85* vorhanden. Zeichne den Graphen ein und lies ab, wie viel Krypton nach folgenden Zeiträumen noch übrig ist.

nach 5 Jahren: .... g ≙ .... %

nach 25 Jahren: .... g ≙ .... %

nach 50 Jahren: .... g ≙ .... %

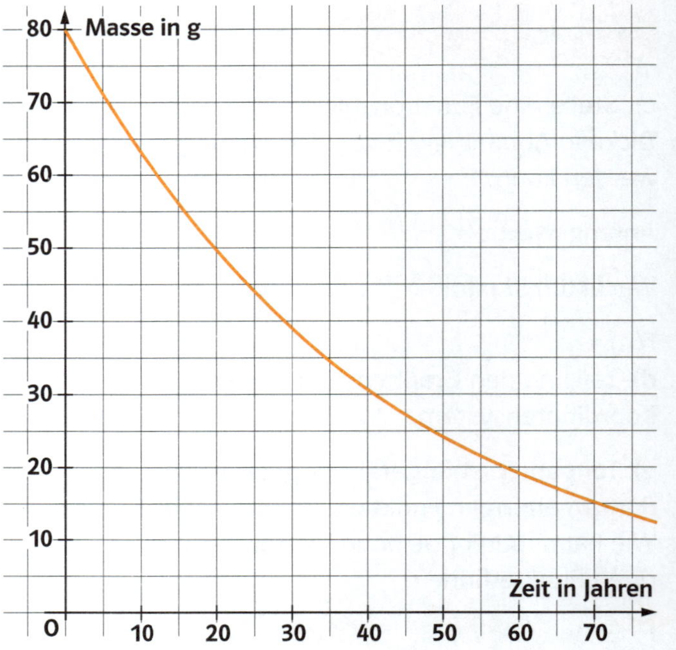

2 Atmet man nur 1 Millionstel Gramm *Plutonium-239* ein, wird man fast sicher an Lungenkrebs erkranken. Ein normales Atomkraftwerk, von denen es derzeit allein in Deutschland 17 gibt, produziert in einem Jahr 176 kg *Plutonium-239*!

a) Wie viel % der Jahresmenge eines Atomkraftwerkes ist nach 1000 Jahren noch vorhanden?

f(n) = ...

....

....

....

b) Wie lange dauert es, bis 1 g *Plutonium-239* so weit zerfallen ist, dass weniger als die tödliche Dosis übrig ist?

....

....

....

....

Überlege mithilfe des Lernrückblicks, ob du alles verstanden hast.

1 Ich kenne wichtige Begriffe zum Thema Wachstum und kann sie erklären: ....

....

....

....

....

....

2 Bei exponentiellem Wachstum berechne ich den Wachstumsfaktor a so: ....

....

Bei einer exponentiellen Abnahme ....

....

3 Wenn ich zu einem exponentiellen Wachstumsprozess die Funktionsgleichung angeben will, gehe ich in folgenden Schritten vor: ....

....

....

4 Beim Vergleich von linearem, exponentiellem und quadratischem Wachstum muss ich besonders darauf achten, wie eine Größe wächst:

Bei linearem Wachstum ....

....

Beispiel: ....

Bei exponentiellem Wachstum ....

....

Beispiel: ....

Bei quadratischem Wachstum ....

....

Beispiel: ....

5 Entscheide dich.

- ☐ Ich fühle mich fit im Bereich „Wachstum“ und mache den Test auf der nächsten Seite.
- ☐ Bevor ich den Test mache, übe ich erst noch Folgendes: ....

....

[mittel]

1 a) Ergänze die Wachstumsraten und die Wachstumsfaktoren in der Tabelle.
b) Notiere die drei zugehörigen Funktionsgleichungen der Exponentialfunktionen.

Wachstums-rate	Wachstums-faktor	Anfangswert	Funktions-gleichung
25 %		25	
−7 %		1700	
	0,85	530	

[schwieriger]

1 a) Vervollständige die Tabelle.

Wachstums-rate	Wachstums-faktor	Anfangswert	Funktionsgleichung
3 %			$f(x) = 125 \cdot$ ....
			$f(x) = 1{,}5 \cdot 0{,}9^x$

b) Welchen Ausgangswert c muss eine Exponentialfunktion mit $a = 1{,}05$ haben, damit $f(6) = 268$ ist?

....

Indien ist mit mehr als 1 Mrd. Einwohnern nach *China* das zweitgrößte Land der Welt und die Bevölkerung wächst weiterhin an. In 2005 gehörten mit *Mumbai* (18,19 Mio. Einwohner), *Delhi* (15,04 Mio. Einwohner) und *Kalkutta* (14,27 Mio Einwohner) bereits 3 indische Großstädte zu den 15 größten der Welt.

2 *Delhi* wuchs in 2006 auf 15,4 Mio. Einwohner.

a) Bestimme den Wachtumsfaktor. ....
b) Erstelle eine Prognose für die kommenden Jahre.

Jahr	2007	2008	2009	2010
Einwohner				

3 Dargestellt ist der radioaktive Zerfall ein Probe des Stoffes *Francium-223*.

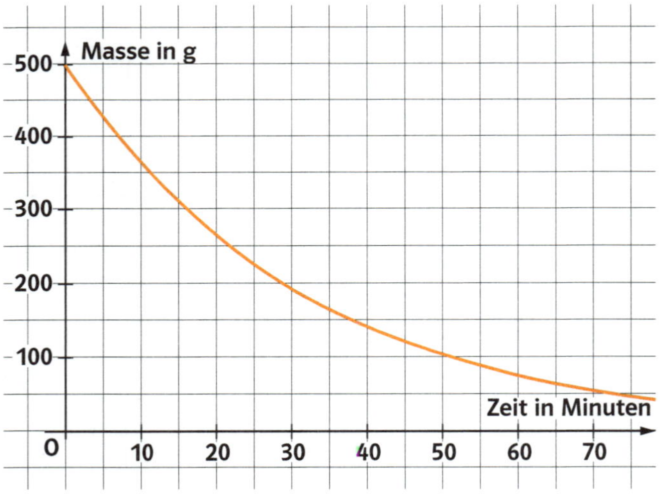

a) Welche Halbwertszeit hat *Francium-223*?

....

b) Wie viel Gramm des Franciums ist nach etwa 45 Minuten noch vorhanden?

....

2 *Mumbai* hatte im Jahr 2005 eine Wachstumsrate von 1,93 %.
a) Erstelle die Funktionsgleichung für die Einwohnerentwicklung. Gehe von einer konstanten Wachstumsrate aus.

....

b) Erstelle mit diesen Daten eine Prognose für 2010.

....

....

c) Man schätzt, dass die Einwohnerzahl von *Kalkutta* bis 2010 auf 17 Mio. Einwohner wächst. Mit welcher jährlichen Wachstumsrate wird in der Prognose gerechnet?

....

....

....

3 a) Wie lautet die Funktionsvorschrift des radioaktiven Stoffes *Francium-223*? (Benutze das Schaubild in der linken Spalte.)

....

b) Berechne, wie viel *Francium-223* nach 73 Minuten noch vorhanden ist.

....

....

Prüfe anhand der Lösungen in der Beilage.

1 Franziska hat eine Lehrstelle gefunden, die sie in 6 Monaten antreten soll. Bis dahin möchte sie den Rollerführerschein machen, um mit dem Roller zu ihrem Ausbildungsplatz fahren zu können. Von ihren Ersparnissen kann sie sich einen Roller kaufen, die ca. 750 € für den Führerschein muss sie sich aber mit einem Nebenjob verdienen. Ihre Eltern beschließen, ihr einen Zuschuss zu geben und machen folgende Angebote.

Angebot 1:
Die Tochter erhält sofort 100 € und jeden weiteren Monat 50 €.

Angebot 2:
Die Tochter erhält sofort 50 € und in jedem weiteren Monat 50 % Zinsen. Zinsen werden mitverzinst!

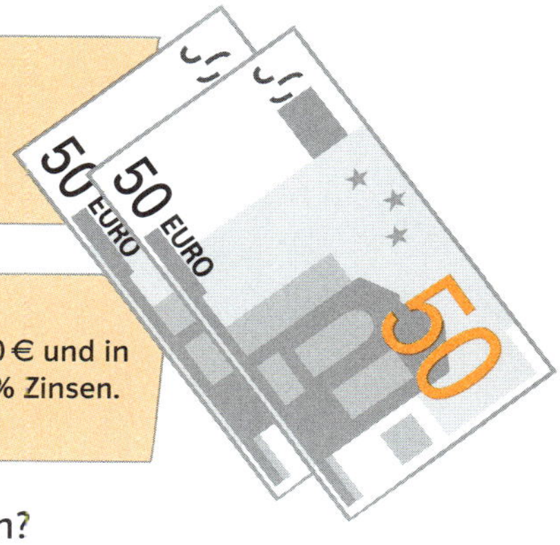

a) Wie viel Geld muss sie bei den Angeboten jeweils noch selbst hinzuverdienen?

Angebot 1: ....

....

....

Angebot 2: ....

....

....

b) Welche Darstellung passt zu den beiden Angeboten? ....

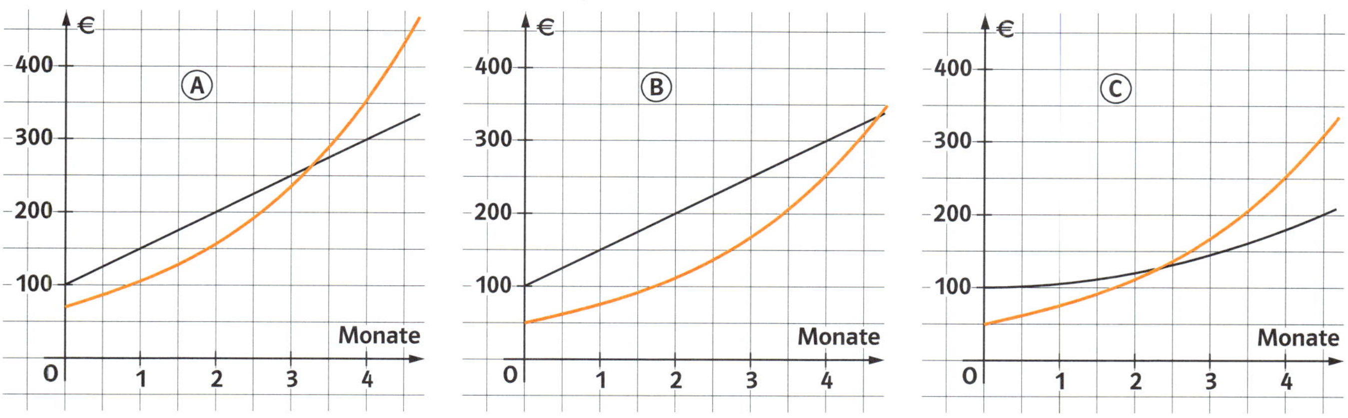

Begründe, warum die beiden anderen Diagramme nicht richtig sind.

....

....

....

c) Gib eine Funktionsgleichung für Angebot 1 an: ....

d) Die Funktionsgleichung zu Angebot 2 lautet: $f(x) = 50 \cdot 1{,}5^x$.
Wie viele Monate müssten die Eltern zahlen, um den Führerschein vollständig zu bezahlen?

....

....

....

e) Wie hoch müsste der Zinssatz sein, damit der Führerschein nach 6 Monaten bezahlt wäre?

....

....

....

2 Herr Kaiser hat vor 10 Jahren 25 000 € mit einem Zinssatz von 2,5 % angelegt. Nun möchte er sich davon sein Traumauto für 32 000 € kaufen.

a) Reichen seine Ersparnisse, um das Auto zu bezahlen?

....

....

....

b) Wie lange hätte er das Geld anlegen müssen, wenn er zu Beginn nur 15 000 € gehabt hätte?

....

....

....

Herr Kaiser möchte wissen, wie viel sein Traumauto in einigen Jahren noch wert ist. Im Internet findet er diese Informationen:

> Der **durchschnittliche Wertverlust über alle Pkw-Klassen** hinweg beträgt bei einer Jahresfahrleistung von 15 000 Kilometern **im ersten Jahr nach der Neuzulassung 24,2 Prozent**. In den folgenden Jahren sind es jeweils nur rund fünf bis sechs Prozent.

c) Wie viel ist sein Auto nach einem Jahr noch wert?

....

....

d) Ab dem zweiten Jahr verliert Herr Kaisers Auto pro Jahr 6 % seines Wertes. Stelle eine Funktionsgleichung auf, die ab dem zweiten Jahr gilt.

....

....

e) Herr Kaiser hat gehört, dass sein Auto nach 5 Jahren nur noch 46 % seines Wertes haben soll. Überprüfe durch eine eigene Rechnung, ob diese Angabe zum Text passt.

....

....

....

....

3 Nach Verabreichung baut der Körper ein Medikament ab, sodass nach 6 Stunden nur noch die Hälfte der ursprünglichen Menge im Körper feststellbar ist. Dieses Medikament wird in Form von 8-mg-Tabletten verabreicht.

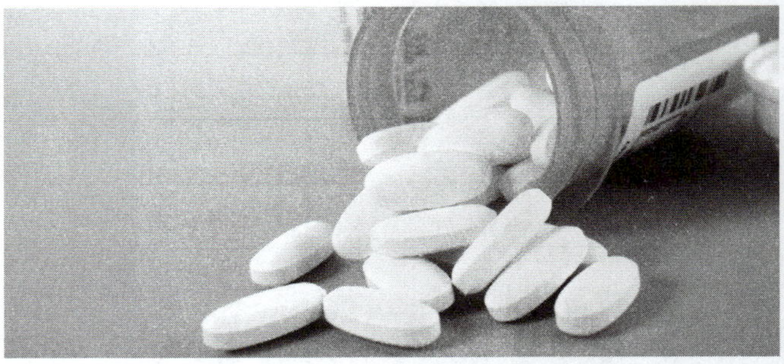

a) Um 9:30 Uhr wurde die erste Tablette verabreicht. Welche Menge ist um 13:00 Uhr im Körper noch feststellbar?

....

....

b) Wie viel Prozent des Medikamentes werden in einer Stunde abgebaut?

....

....

c) Sinkt die Menge im Körper unter 2,5 mg, verliert das Medikament seine Wirksamkeit. Nach wie vielen Stunden muss spätestens die zweite Tablette genommen werden?

....

....

....

....

....

Katzen am beliebtesten

Die Deutschen sparen, aber nicht an ihren geliebten Hausgenossen. 2,2 Millarden Euro im Jahr verputzen Bello, Minka, Charly und Hoppel. Weitere 760 Millionen Euro werden jährlich für Käfige, Leinen, Körbe und anderen Heimtierbedarf ausgegeben. – In jedem dritten Haushalt werden Tiere gehalten, insgesamt über 22 Millionen (ohne Zierfische). Am beliebtesten sind Katzen. An zweiter Stelle stehen Hamster, Meerschweinchen, Zwergmäuse und andere Kleintiere, die besonders bei Kindern als Streicheltiere gefragt sind.

Statistische Angaben: Industrieverband Heimtierbedarf

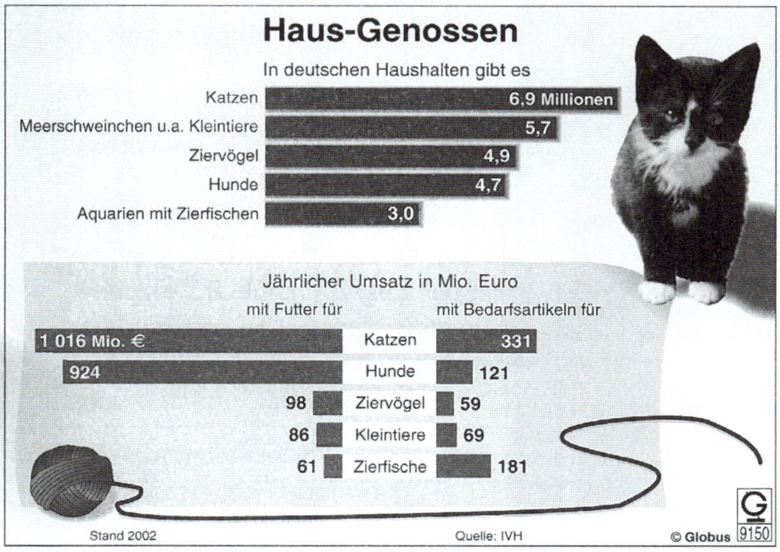

Bei Fuß! Sitz! Nimm ab!

Paul ist fett. Zu fett. Stolze 42 Kilo bringt der Schäferhundrüde auf die Waage. Die schwer wiegende Diagnose: neun Kilo Übergewicht. [...] Paul ist in guter Gesellschaft. „Bis zu 50 Prozent aller Großstadthunde und -katzen sind zu dick“, sagt Hans Wöhrl, Chef der Tierärztekammer Berlin. Neben Überfütterung sind vor allem mangelnde Bewegung und kalorienhaltige Leckerlis für die Pfunde verantwortlich. [...] Deshalb greifen die Besitzer von fetten Fiffis und molligen Miezen jetzt immer öfter zu Diätfutter. [...] Wurden Hund und Katz jahrhundertelang mit schnöden Essensresten abgespeist, bekommen heute 90 Prozent der Haustiere maulgerechten Dosenfraß serviert. [...] Der Anteil der leichten Kost daran erhöht sich stetig. Dabei ist das – zumal pro Gewichtseinheit in der Regel teurere – Diätfutter für Haustiere alles andere als unumstritten. So berge es die Gefahr, sagt Tierarzt Wöhrl, dass die Besitzer ihren dicken Freunden „einfach einen Löffel mehr in den Napf tun, weil sie denken, das Futter habe ja kaum Kalorien.“ Der pummelige Bello freut sich – und hat „nach sechs Wochen ein Kilo mehr auf den Rippen“, hat Wöhrl dutzendfach beobachtet. „Am meisten hat ein Hund noch immer von einem ausgiebigen Spaziergang“, sagt Wöhrls Kollege Klaus Männer, Fachtierarzt für Tierernährung an der Freien Universität Berlin. [...]

(von Nikos Späth, gekürzter Artikel aus: Welt am Sonntag, 4.4.2004)

Haustiere

a) Wie setzen sich die Haustiere in Deutschland (ohne Zierfische) prozentual zusammen?

Haustiere in Deutschland	Prozent (%)
Katzen	
Ziervögel	
Hunde	
Meerschweinchen u. a. Kleintiere	

b) Stelle die prozentuale Zusammensetzung der Haustiere aus a) im Kreisdiagramm dar.

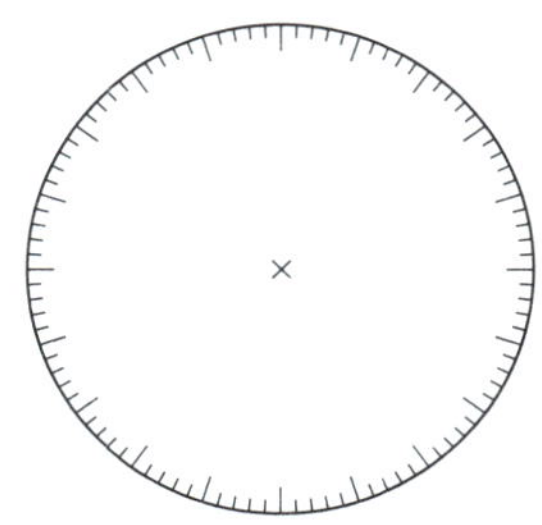

c) [●] Wie viel Prozent des jährlichen Umsatzes mit Futter wird für Katzen ausgegeben?

....

....

d) [●●] Vergleiche die jährlichen Kosten für eine Katze mit denen für einen Hund.

....

....

e) Wie viel sollte der Schäferhund Paul normalerweise laut dem Artikel wiegen?

....

f) Wie viel Prozent – gemessen an Pauls Normalgewicht – macht sein Übergewicht aus?

....

....

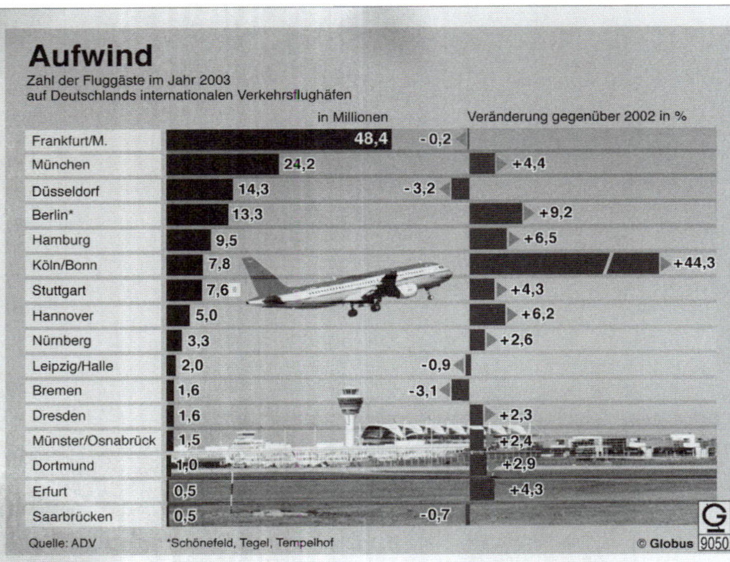

Die 18 internationalen Verkehrsflughäfen in Deutschland beförderten im Jahr 2003 etwa 142 Millionen Fluggäste. Das waren rund 3,9 Prozent mehr Passagiere als im Vorjahr. Innerdeutsche Flüge nahmen um 4,2 Prozent, innereuropäische um 4,9 Prozent zu. Das erweiterte Angebot bei Billigflügen zu deutschen und europäischen Zielen ließ diesen Bereich um mehr als 110 Prozent wachsen – das Segment hatte mit fast 14 Millionen Passagieren einen Anteil von rund zehn Prozent an der Gesamtzahl der Fluggäste. Die größten Zuwächse verzeichnete dabei der Flughafen Köln/Bonn, der mit 7,8 Millionen Fluggästen über 40 Prozent mehr Passagiere beförderte als im Jahr zuvor. Kleinere Verluste mussten vor allem die Flughäfen Düsseldorf und Bremen hinnehmen. Besonders gering fielen die Zuwächse bei Interkontinentalflügen aus – wegen der Angst vor Terroranschlägen und der Lungenkrankheit SARS verließen lediglich 1,1 Prozent mehr Passagiere den Kontinent. Der Charterflugverkehr verringerte sich gar um 1,7 Prozent.

Statistische Angaben: Arbeitsgemeinschaft Deutscher Verkehrsflughäfen (ADV)

„Massentourismus" der Treibhausgase per Flugzeug

Stockholm/New York (APA/dpa). Die ständige Zunahme des Flugverkehrs ist einer britisch-schwedischen Studie zufolge eine der größten Gefahren für die globale Klima-Stabilität. In den kommenden 20 Jahren sei ein jährliches Wachstum des Luftverkehrs von drei bis sieben Prozent zu erwarten. Gründe seien vor allem das Auftreten von Billigfliegern und die ständige Zunahme des Luftfrachtverkehrs. Das geht aus einer am Montag veröffentlichten Studie hervor, die John Whitelegg und Howard Cambridge von der britischen Universität York für das Stockholmer Umweltinstitut erstellt haben.

Zahlen und Fakten

Insgesamt sei in den zwei Jahrzehnten mit einer Verdreifachung der geflogenen Kilometer und einer Verdopplung der Anzahl der Flugzeuge in der Luft zu rechnen. Schon jetzt erzeuge die Luftfahrt mit einem Verbrauch von 205 Millionen Tonnen Treibstoff (Kerosin) jährlich 300 Millionen Tonnen Treibhausgase. Die in oberen Luftschichten entlassenen Schadstoffe seien dreimal so schädlich wie solche in unteren Schichten. Daher müsse damit gerechnet werden, dass im Jahr 2050 rund 15 Prozent der Wirkung von Treibhausgasen durch den Luftverkehr verursacht werden. Nach derzeitigen Mengen und ohne die Berücksichtigung der erhöhten Schädlichkeit beträgt der Anteil ein bis zwei Prozent. [...]

5. Juli 2004 (derStandard.at)

Abgehoben

a) Wie viele Millionen Fluggäste hatten die Flughäfen im Jahr 2002 zu verzeichnen?

Frankfurt ....

München ....

Düsseldorf ....

Berlin ....

Hamburg ....

Köln/Bonn ....

Stuttgart ....

Bremen ....

b) Welcher Flughafen hatte die stärksten Verluste zu verzeichnen?

....

c) Welcher Flughafen hatte die größten Fluggast-Zuwächse?

....

d) Wie viele Millionen Fluggäste wurden insgesamt im Jahr 2002 von den 18 internationalen Flughäfen in Deutschland befördert?

....

e) [●] Wie viel t Treibstoff werden laut Whitelegg und Cambridge voraussichtlich im Jahr 2024 in der Luftfahrt verbraucht?

....

f) [●●] In welchem Jahr wird die Anzahl der Fluggäste der 18 deutschen Flughäfen zusammen voraussichtlich die 200-Millionen-Grenze frühestens (spätestens) überschreiten?

....

....

....

Faire Münzen zeigen beim Werfen mit gleicher Wahrscheinlichkeit „Zahl" oder „Wappen". Das ist nicht immer so. Bei anderen Zufallsexperimenten wie beim Werfen von Reißnägeln können die Ergebnisse unterschiedliche Wahrscheinlichkeiten haben.

1 Eine faire Münze wird dreimal geworfen.

a) Vervollständige das Baumdiagramm.

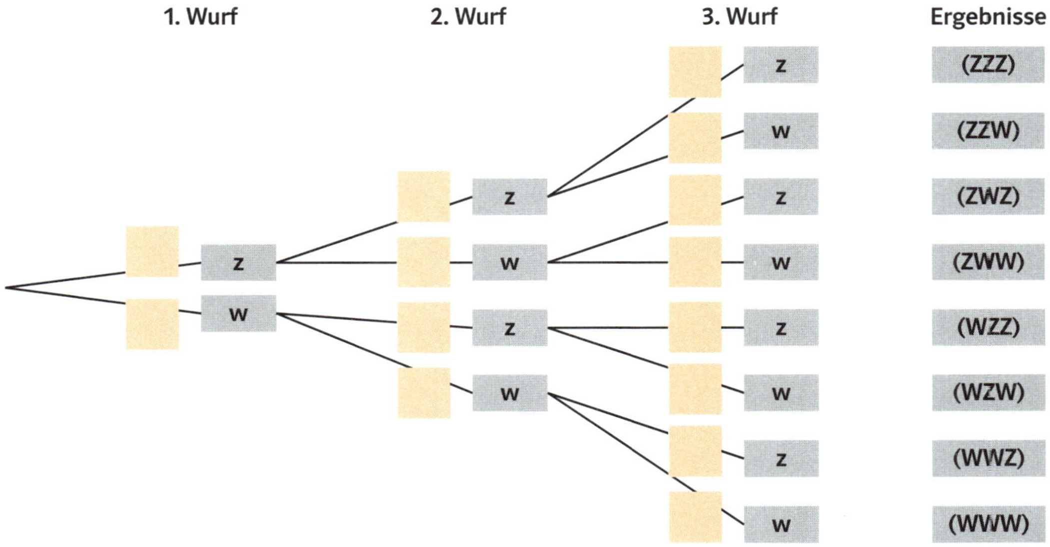

b) Wie groß ist die Wahrscheinlichkeit für das Ergebnis (ZWZ)? ....

c) Wie groß ist die Wahrscheinlichkeit für das Ereignis „Es fällt mindestens zweimal Zahl"? ....

2 Ein Reißnagel wird dreimal geworfen.

a) Zeichne das zugehörige Baumdiagramm und bestimme die Wahrscheinlichkeiten.

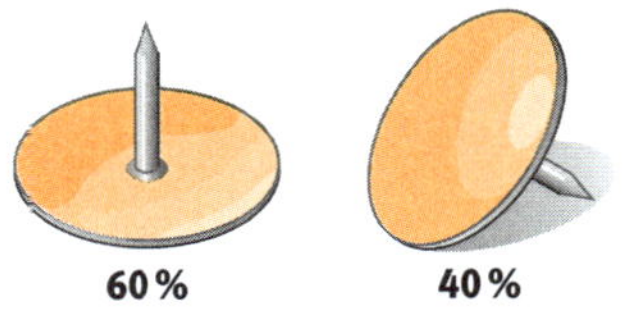

b) Wie groß ist die Wahrscheinlichkeit für das Ereignis, dass mindestens zweimal Kopflage fällt? ....

 ▻ Schülerbuch, Seite 95 bis 99

1 Aus einem Behälter wird ein Buchstabe zufällig gezogen, notiert und dann wieder zurückgelegt. Dann wird ein zweites Mal gezogen.

a) Vervollständige das Baumdiagramm.

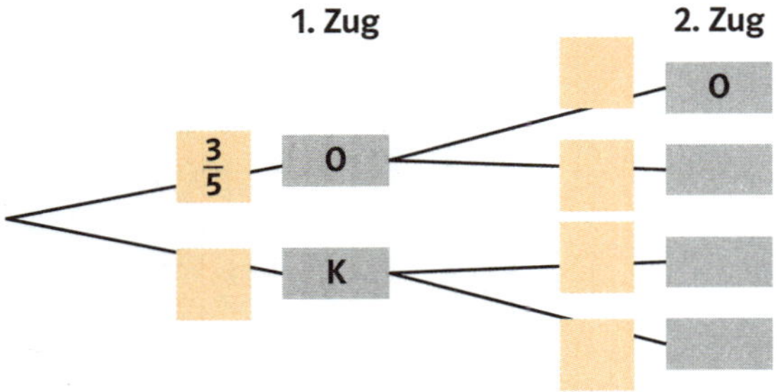

b) Die Ergebnisse sind Wörter aus zwei Buchstaben.
Gib die Wahrscheinlichkeiten als Bruch und in Prozenten an.

OO: ....

c) Erstelle das Baumdiagramm für den Fall, dass der Buchstabe nicht zurückgelegt wird.

d) Wie lauten die Wahrscheinlichkeiten nun?

2 In einer Schublade befinden sich 4 schwarze, 6 weiße und 2 blaue Socken. Du brauchst ein neues Paar, greifst ohne hineinzuschauen in die Schublade und nimmst nacheinander zwei Socken heraus.

a) Vervollständige das Baumdiagramm.

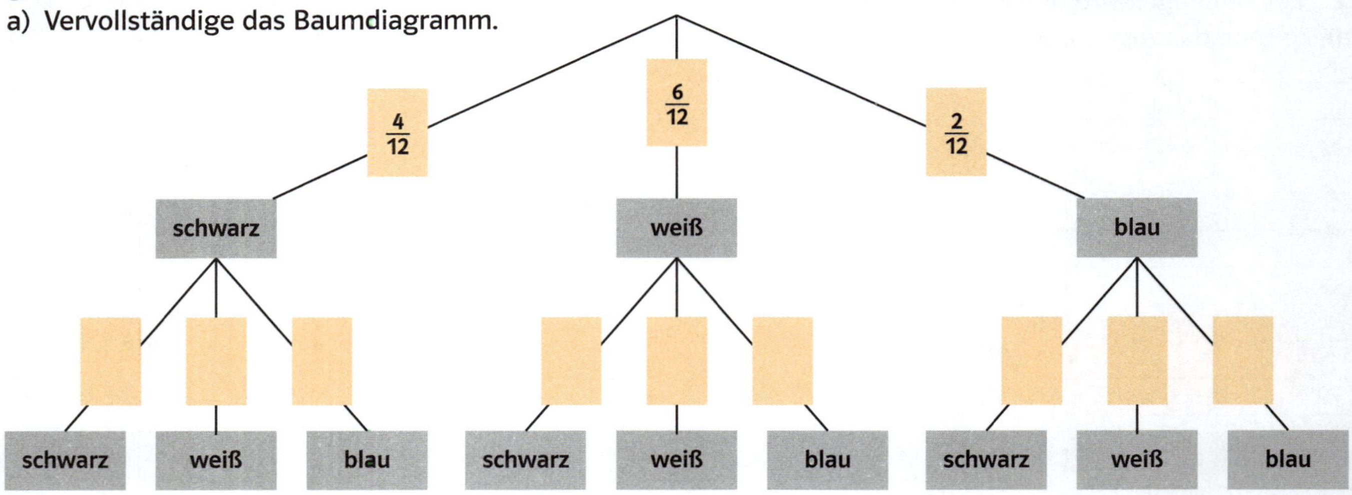

b) Wie groß ist die Wahrscheinlichkeit, dass beide Socken die gleiche Farbe haben?

mathe live

Mathematik für Sekundarstufe I

Lösungen

Aufwärmrunde

Seite 2

Saft
Die Karaffe ist 0,3 kg schwer.

Gewichtig
a) Wiege zwei Gewichte gegeneinander auf. Wiegen beide Seiten gleich viel, ist das andere Gewicht das leichte. Ist eine Seite leichter, ist es dieses Gewicht.
b) Lege zunächst 3 Gewichte auf jede Schale. Wiegen beide Seiten gleich viel, ist das Gewicht unter den verbleibenden 3. Ist eine Seite leichter, ist es eines dieser Gewichte. Nimm diese 3 Gewichte und gehe vor wie in a).

Lügen
Calvin hat die Gummibärchen,
die Tafel Schokolade hat Benedikt,
die Tüte Lakritz hat Antonia.

Seite 3

Altersbestimmung
Till ist 18 Jahre alt.

Bücher
Es werden jeden Tag 624 Bücher mit nach Hause genommen.

Wassergehalt
Es müssen 50 g Wasser verdunsten.

= oder ≠ ?

0,50 ≠ 0,50 %	0,3 = 30 %
0,25 = 25 %	$1{,}5 \neq 1\frac{1}{2}\,\%$
$\frac{1}{20} \neq 20\,\%$	$\frac{1}{3} = 33\frac{1}{3}\,\%$

Züge
Nach 8 Jahren hat sich der Bahnverkehr verdoppelt.

Wahlen

Wahljahr	2009		2010	
	Stimmen	%	Stimmen	%
Wahlberechtigte	53 784 516		59 578 134	
Abgegebene Stimmen	38 724 852	72	38 725 787	65
Ungültige Stimmen	232 349	0,6	309 806	0,8
Gültige Stimmen	38 492 503		38 415 981	
A-Partei	16 012 881	41,4	13 407 177	34,6
B-Partei	14 819 613	38,3	15 443 225	39,9
C-Partei	3 194 878	8,3	4 494 670	11,6
D-Partei	2 617 490	6,8	3 188 526	8,2
E-Partei	1 193 268	3,1	—	—
Sonstige	654 373	1,7	1 882 383	4,9

a) 71,6 % (Wahlbeteiligung 2009)
b) 64,5 % (Wahlbeteiligung 2010)

Stimmenanteil in %

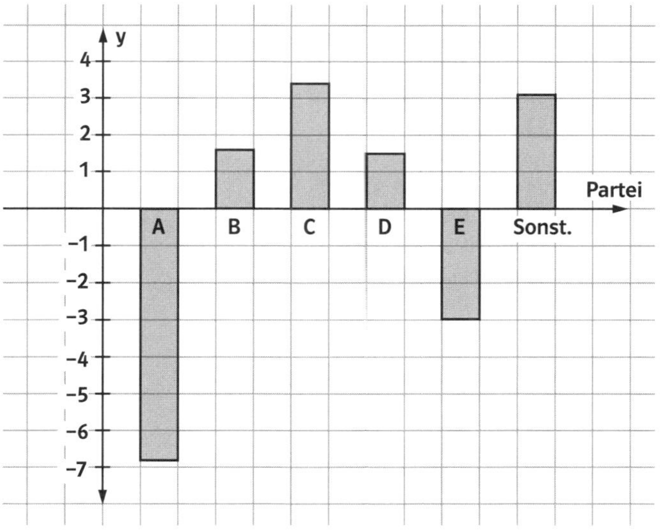

Mit Geld wirtschaften

Seite 4

1
a) 15,2 % Justizfachangestellte
96,1 % Zimmerer/in
b) Binnenschiffahrt (0 %) und Systeminformatiker (1,5 %)
c) Die Aussage stimmt nicht. Im 1. AJ bekommt ein Zimmerer 571 € und ein Binnenschiffer 808 €. Im 3. AJ bekommt der Zimmerer mit 1120 € mehr als ein Binnenschiffer mit 1043 €. Die Steigerungen unterscheiden sich zwischen den Berufen.
d) Individuelle Lösung.

2
Solidaritätszuschlag: 11,97 €
Kirchensteuer: 19,58 €

3
a)

Beruf	Einkommen monatlich	Lohnsteuer monatlich	Lohnsteuer jährlich
Augenoptikerin	2697,00 €	443,91 €	5326,92 €
Bauingenieurin	4349,00 €	1154,50 €	13 854,00 €
Erzieher	3180,00 €	593,91 €	7126,92 €
Meteorologe	4483,00 €	1210,83 €	14 529,96 €
Zimmerer/ Dachdeckerin	2368,00 €	346,16 €	4153,92 €

b) Augenoptiker/-in: 24,42 € + 39,95 € = 64,37 €
Meteorologe: 175,57 €

Seite 5

1
a) Lohnsteuer ablesen. Damit Solidaritätszuschlag und Kirchensteuer berechnen. Sozialversicherungsbeträge belaufen sich insgesamt auf 20,525 %.

Bauingenieurin
Bruttolohn: 4349,00 €
Lohnsteuer: 1154,50 €
Solidaritätszuschlag: 63,50 €
Kirchensteuer (9 %): 103,91 €
Rentenversicherung: 413,55 €
Arbeitslosenversicherung: 60,89 €
Krankenversicherung: 356,62 €
Pflegeversicherung: 42,40 €
Nettolohn: 2153,63 €

Erzieher
Bruttolohn: 3180,00 €
Lohnsteuer: 593,91 €
Solidaritätszuschlag: 32,67 €
Kirchensteuer (9 %): 53,45 €
Sozialversicherungsbeiträge (20,525 %): 652,70 €
Nettolohn: 1847,27 €

Dachdeckerin
Bruttolohn: 2368,00 €
Lohnsteuer: 346,16 €
Solidaritätszuschlag: 19,04 €
Kirchensteuer (9 %): 31,15 €
Sozialversicherungsbeiträge: 486,03 €
Nettolohn: 1485,64 €
b) 1822,45 €

2
56,7 % von 2308,76 € = 1309,07 € werden für die genannten Dinge ausgegeben.
Übrig bleiben 999,69 € ≈ 1000 €.

3
270,22 € − 53,17 € = 217,05 €
12 · 217,05 € = 2604,60 € bleiben jährlich übrig.

4
118° ≙ 32,8 %
Die Kosten steigen leicht an.

Seite 6

1
a) B3 = 3530 €
B4 stimmt, denn 3530 + 70,60 € = 3600,60 €
F4 = 2032,14 €
Die Erhöhung reicht nicht, weil das Nettogehalt, von dem alle Ausgaben bezahlt werden müssen, nicht um 2 % gestiegen ist.
b) ca. 1,43 %
c) Eine Gehaltserhöhung um 40,59 € entspricht einer Erhöhung von 2,03 % ≈ 2 %.
d) Der Bruttolohn wurde um 101 € erhöht, das entspricht einer Erhöhung um ca. 2,9 %.
e) 709,66 € ≙ 20,1 %
744,58 € ≙ 20,5 %

2
C ist richtig. Der Bruttolohn wurde um 2,64 % erhöht.

Seite 7

1
a) Anreisearten: Auto, Flug, Europabus, Bahnfahrt
Übernachtungsmöglichkeiten: Zelt, Zimmer/Bett
b) Anreise per Anhalter: kostenlos = 0 €
Übernachtung im Zelt: 24 €/Nacht = 240 €
Verpflegung selber kochen
240 € + Verpflegung
c) Individuelle Lösung
d) Individuelle Lösung

Seite 8/9 Fit für den Abschluss

1

Sortieren: Wer spart was?

a) David erreicht 1448 €.
Er spart jede Woche 6 € und einmal im Jahr 50 €. Bei 52 Wochen kommen so 6 € · 52 + 50 € = 362 € jährlich zusammen. In vier Jahren beträgt die Sparsumme 1448 €.
Jessika erreicht 1310 €.
Sie spart 20 € pro Monat. Bei 12 Monaten also 20 · 12 = 240 € pro Jahr und 4 · 240 = 960 € in vier Jahren. Einmalig kommen 350 € dazu. 960 + 350 = 1310 €.
Amélie erreicht 1720 €.
Sie spart die Hälfte (50 %) vom Durchschnitt ihres Nachhilfe-Einkommens: (50 + 60) : 2 = 55 €. Davon 50 % sind 27,50 € monatlich. In 48 Monaten (4 Jahre) sind das 48 · 27,50 = 1320 €. In jedem der vier Jahre kommen noch 100 € dazu, also 400 €. Die Gesamtsparsumme beträgt dann 1320 + 400 = 1720 €.

b) David: 1448 : 2000 = 0,724 = 72,4 %
Jessika: 1310 : 2000 = 65,5 %
Amélie: 1720 : 2000 = 86 %

c) Die Sparsumme (2000 €) wird geteilt durch die Anzahl der Monate:
2000 : 24 ≈ 83,33 €
2000 : 36 ≈ 55,56 €
2000 : 48 ≈ 41,67 €

d) Der gestrichelte Graph gehört zu Jessika.
Sie ist die einzige Person, bei der die Sparsumme nicht linear verläuft!
Nachdem die Lösungen aus Teil a) und b) vorliegen, kann auch aus dem Anfangswert für 1 Jahr und dem Schlusswert für 4 Jahre die Lösung „Jessika" angegeben werden.

2

a) 3100 € b) 1398 € c) 1752,82 € d) 1247,63 €

e) Frauen verdienen im Schnitt 1403,43 € und die Männer 2364,25 €. Damit verdienen die Frauen in dieser Firma 40,6 % weniger als die Männer. Das ist höher/mehr als die Durchschnitts-Differenz von 24 %.

f) Zwei Personen verdienen mehr als der Durchschnitt, alle anderen weniger. Die Verzerrung entsteht vor allem durch die beiden besonders hohen Gehälter.
Der Median oder der Mittelwert ohne die Ausreißer gibt ein realistischeres Bild.

3

a) Miethöhe vor sieben Monaten?
386,46 € entsprechen 95 % der eigentlichen aktuellen Miete.
100 % ≙ 406,80 € nach der Erhöhung bzw. vor der Kürzung.
406,80 € entsprechen 120 % im Vergleich zur Miete vor sieben Monaten.
Die ursprüngliche Miete betrug 339 €.

b) Nach der Kürzung beträgt die Miete 386,50 €.

1 Quadratische Funktionen

Seite 10

1

a) $f(x) = (x + 5)^2$
b) $f(x) = (x - 4)^2 + 6$
c) $f(x) = (x - 3)^2 - 4$
d) $f(x) = x^2 + 4$
e) $(x + 2{,}5)^2 - 1{,}5$
f) $f(x) = (x - 1{,}8)^2 + 2{,}4$

2

$f(x) = (x + 1)^2$; $S_f(-1 | 0)$
$g(x) = x^2 - 2$; $S_g(0 | -2)$
$h(x) = (x - 2)^2 - 3$; $S_h(2 | -3)$
$i(x) = (x - 3)^2$; $S_i(3 | 0)$
$j(x) = -(x + 3)^2 + 2$; $S_j(-3 | 2)$
$k(x) = -(x - 3)^2 + 5$; $S_k(3 | 5)$
$l(x) = -(x - 1)^2 - 2$; $S_l(1 | -2)$
$m(x) = -x^2 - 1$; $S_m(0 | -1)$

3

a) $S(3 | -2)$ b) $S(-2 | -3)$ c) $S(-2{,}5 | 4)$
d) $S(7 | 3{,}5)$ e) $S(1{,}5 | -2{,}7)$ f) $S(-4{,}8 | 0)$

4

a)

x	−1	0	1	2	3	4	5
f(x)	9,5	4,5	1,5	0,5	1,5	4,5	9,5

b)

x	−3	−2	−1	−0,5	0	1	2
g(x)	13,5	5,5	1,5	1	1,5	5,5	13,5

c)

x	0	1	2	2,5	3	4	5
h(x)	0,625	−1,375	−2,375	−2,5	−2,375	−1,375	0,625

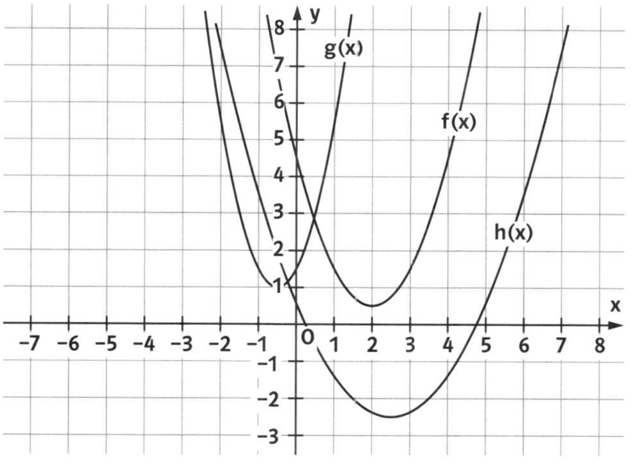

Seite 11

1

a) $f(x) = x^2 - 4x + 7$
b) $f(x) = 4x^2 + 16x + 16$
c) $f(x) = 2x^2 + 12x + 14$

2

x	0	1	2	3	4	5	6
f(x)	−0,5	2	3,5	4	3,5	2	−0,5

Der zu dieser Funktionsgleichung gehörende Graph ist gestaucht, nach unten geöffnet und hat seinen Scheitelpunkt S bei $S(+3\,|+4)$.

3

x	0	1	2	3	4
f(x)	+3	0	−1	0	+3

Der Graph schneidet die x-Achse bei $x_1 = +1$ und $x_2 = +3$.

4

a) $x_1 = 3$; $x_2 = -3$ b) $x_1 = 2$; $x_2 = -2$

5

a) $x_1 = -1$; $x_2 = -3$ b) $x_1 = 2$; $x_2 = -4$

c) $x_1 = 7$; $x_2 = -1$

Seite 12

1

a) $S(-5\,|-10)$ b) $S(+7\,|-70)$

2

a) $S(-4\,|-42)$ b) $S(+2{,}5\,|+8{,}25)$

3

Die gesuchten Zahlen lauten:

a) 4   b) 6   c) 25   d) 50

e) $x^2 + 5x + 1 = (x + 2{,}5)^2 - 5{,}25$

4

a) $(x + 3)^2 = 4$; $x_1 = -1$; $x_2 = -5$

b) $(x - 9)^2 = 144$; $x_1 = 21$; $x_2 = -3$

c) setze $f(x) = 0$: $0 = -4x^2 + 12x + 16$; $(x - 1{,}5)^2 = 6{,}25$;
$x_1 = +4{,}75$; $x_2 = +0{,}25$

Seite 13

1

a)

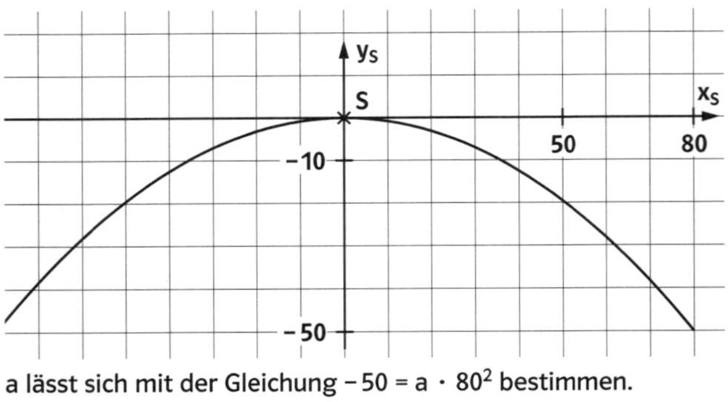

a lässt sich mit der Gleichung $-50 = a \cdot 80^2$ bestimmen.
$a = -0{,}0078125$

b) Der Scheitelpunkt S ist
- auf der x-Achse um +80 verschoben, also ist $x_s = -80$;
- auf der y-Achse um +50 verschoben, also ist $y_s = +50$.

Die vollständige Funktionsgleichung lautet
$f(x) = -0{,}0078125 \cdot (x - 80)^2 + 50$.

2

a) $f(x) = -0{,}875\,(x^2 - 4x) = -0{,}875\,(x - 2)^2 + 3{,}5$

Der Scheitelpunkt liegt 3,5 m über der Wasseroberfläche.

b) Rechnerisch: $x_1 = +4$; $x_2 = 0$.

Die beiden Punkte liegen also 4 m weit auseinander.

Zeichnerisch:

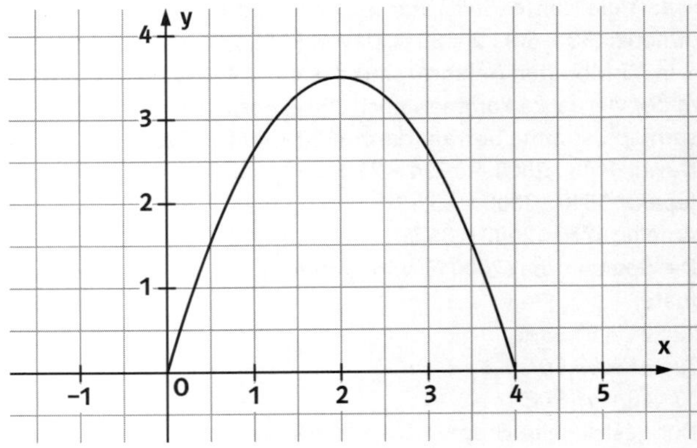

Seite 14

1

Graphen – siehe Schülerlösungen

Scheitelpunktkoordinaten:

a) $S(+4\,|+3)$ b) $S(-4\,|-3)$ c) $S(+3\,|+4)$ d) $S(-3\,|-4)$

2

a) Bei Variation von x_s wandert der Scheitelpunkt waagerecht, bei Variation von y_s wandert der Scheitelpunkt senkrecht.

b) Beispiellösung:

$f(x) = x^2$; $S_g(0\,|\,0)$

$g(x) = 0{,}5\,(x + 0{,}5)^2 - 1$; $S_h(-0{,}5\,|-1)$

$h(x) = -(x + 1)^2 - 2$; $S_i(-1\,|-2)$

Alle Scheitelpunkte liegen auf der Geraden $y = 2x$

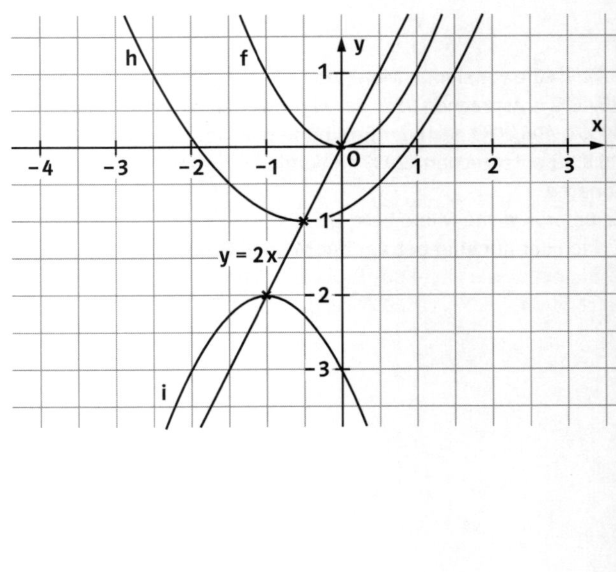

3
Funktionsgleichungen zu den Graphen
a) $f(x) = 2(x+1)^2 - 2$ b) $f(x) = -0{,}5(x+2)^2 + 1$
c) $f(x) = 0{,}5(x-2)^2 + 2$ d) $f(x) = -2(x-1)^2 + 1$

Seite 16 Test

[mittel]
1
zu Graph a: $f(x) = x^2 + 3$
zu Graph b: $f(x) = -(x-2)^2 + 3$

2
$S_f(0\,|\,-2{,}5)$; $S_g(-1{,}5\,|\,0)$; $S_h(0{,}8\,|\,-7)$

3
$f(x) = 3x^2 + 12x + 18$

4
$x_1 = 2$; $x_2 = -2$

[schwieriger]
1
zu Graph a: $f(x) = x^2 - 3$
zu Graph b: $f(x) = -(x+3)^2 + 2$

2
$f(x) = (x-3)^2 + 6$ $g(x) = (x+4)^2$ $h(x) = (x+2)^2 - 1{,}6$

3
$f(x) = 2x^2 + 10x + 15$

4
$x_1 = -1$; $x_2 = -5$

Seite 17/18 Fit für den Abschluss

1
a) 5 m b) 400 m c) $P_1(-200\,|\,80)$
d) Die richtige Funktion ist B: $f(x) = 0{,}001875 \cdot x^2 + 5$.
Begründung:
- A ist nach unten geöffnet
- C schneidet die y-Achse bei −5

e) Das Halteseil ist ca. 128,062 m lang.

2
a) Gesucht ist die x-Koordinate von A:
$0{,}002 \cdot x^2 + 3 = 48$; $x_{1/2} = \pm 150$.
Der Abstand der Pfeiler beträgt 300 m.
b) Berechneter Maßstab 1 : 2400

3
a) Die Fußpunkte liegen ca. 185,7 m weit auseinander.
b) Die maximale Höhe des Brückenbogens über der Fahrbahn beträgt in Punkt P_3 ca. 60,36 m. $P_3(92{,}86\,|\,60{,}36)$

2 Körper

Seite 19

1
$V = 66{,}\overline{6}\,cm^3 \approx 66{,}7\,cm^3$

2
a) $V = 9{,}375\,cm^3 \approx 9{,}4\,cm^3$
b) $V = 1706{,}\overline{6}\,cm^3 \approx 1706{,}7\,cm^3 \approx 1{,}7\,dm^3$

3
a) $V = 102{,}885\,cm^3 \approx 102{,}9\,cm^3$
b) $V = 30{,}87\,mm^3 \approx 30{,}9\,mm^3$
c) $V = 34{,}1\overline{3}\,m^3 \approx 34{,}1\,m^3$
d) $V = 304{,}486\,dm^3 \approx 304{,}5\,dm^3$

4
Um die Größenverhältnisse abzuschätzen, ist es sinnvoll, sich an den Menschen oder den Gegenständen im Hintergrund zu orientieren. Angenommen, die Seitenlängen der quadratischen Grundfläche betragen etwa 6 m und die Höhe ungefähr 7 m, dann würde das Volumen rund $84\,m^3$ betragen.

Seite 20

5
a) $V \approx 91{,}1\,cm^3$ b) $V \approx 64{,}8\,dm^3$

6
a) $V \approx 11{,}9\,cm^3$ b) $V \approx 508{,}0\,cm^3$

7
Das Senklot hat ein Volumen von ca. $36{,}3\,cm^3$ und wiegt ca. 283,2 g.

8
a) h = 9 m b) h = 5 mm

9
a) h = 8 m; r ≈ 3,66 m b) $G = 154\,mm^2$; r ≈ 7,0 mm

10
Um die Größenverhältnisse abzuschätzen, ist es sinnvoll, sich an den Menschen oder den Gegenständen im Hintergrund zu orientieren. Angenommen, der Durchmesser der Grundfläche des Kegels beträgt etwa 8 m und die Höhe ungefähr 5 m, dann würde das Volumen rund $84\,m^3$ betragen.

Seite 21

1
a) $O \approx 153{,}9\,m^2$ b) $O \approx 277{,}6\,mm^2$

2
a) $O \approx 181{,}5\,cm^2$ b) $O \approx 116{,}9\,cm^2$

3
r ≈ 3,53 dm

4
Fußball $O \approx 1548{,}3\,cm^2$
Tischtennisball $O \approx 5026{,}5\,mm^2 \approx 50{,}3\,cm^2$
Tennisball $r \approx 32{,}0\,mm$
Handball $O \approx 1110{,}4\,cm^2$
Gymnastikball $d \approx 46{,}0\,cm$

5
a) $O \approx 1061{,}9\,m^2$
b) Die Goldschicht wiegt ca. $2049{,}4\,g \approx 2{,}05\,kg$.

6
Individuelle Lösung
Beispiellösung: Bei einem Durchmesser von 30 cm hätte die Kugel eine Oberfläche von etwa $2827\,cm^2$. Angenommen, die quadratischen Spiegelplättchen hätten einen Flächeninhalt von $1\,cm^2$, dann bräuchte man maximal 2827 Spiegelplättchen. Die Plättchen können allerdings nicht lückenlos auf der Kugel zusammengefügt werden.

Seite 22

7
a) $V \approx 1259{,}8\,dm^3$
b) $V \approx 1499{,}2\,m^3$

8
a) $V \approx 950{,}8\,cm^3$
b) $V \approx 3156{,}6\,cm^3$

9
$r \approx 2{,}0\,cm$

10
a) $V \approx 381{,}7\,cm^3$; $m \approx 267{,}2\,g$
b) $V \approx 92{,}0\,cm^3$; $m \approx 82{,}8\,g$

11
$V \approx 27\,482{,}7\,m^3$

12
$V \approx 696{,}9\,cm^3$; $S = 10{,}4\frac{g}{cm^3}$; Ein $1\,cm^3$ des Metalls wiegt 10,4 g.

13
$r \approx 6366{,}2\,km$
$O \approx 5{,}093 \cdot 10^8\,km^2$
$V \approx 1{,}081 \cdot 10^{12}\,km^3$

Seite 23

1
a) Pyramide; $V_A \approx 46{,}7\,cm^3$ b) Quader; $V_B = 60\,cm^3$
c) $V_{A+B} \approx 106{,}7\,cm^3$

2
a) $V_A = 84\,cm^3$; $V_B = 28\,cm^3$; $V_{A+B} = 112\,cm^3$
b) $V_A \approx 81{,}4\,cm^3$; $V_B \approx 97{,}7\,cm^3$; $V_{A+B} \approx 179{,}1\,cm^3$

3
a) $V \approx 20{,}9\,cm^3$ b) $V_{Salz} \approx 16{,}8\,cm^3$

4
a) $V \approx 676{,}8\,dm^3 \approx 0{,}68\,m^3$ b) $O \approx 4{,}1\,m^2$

5
a) $V \approx 302{,}2\,cm^3 \approx 0{,}3\,dm^3$ b) $O \approx 2{,}8\,dm^2$

6
Um die Größenverhältnisse abzuschätzen, ist es sinnvoll, sich an der Größe des Menschen neben der Hütte zu orientieren. Angenommen, der Durchmesser der Grundfläche beträgt etwa 6 m, die Höhe des Zylinders 2 m und die Höhe des kegelförmigen Daches ungefähr 2 m, dann würde das Volumen rund $75\,m^3$ betragen.

Seite 25 Test

[mittel]
1
$V = 35{,}04\,cm^3$

2
$V \approx 213{,}8\,cm^3$

3
$O \approx 1256{,}6\,cm^2$

4
$m \approx 848{,}7\,g$

5
$V \approx 9202{,}8\,cm^3$

[schwieriger]
1
$h = 15\,cm$

2
$d \approx 6{,}3\,cm$

3
$r \approx 3{,}6\,dm$

4
$V \approx 9{,}7\,cm^3$; $d \approx 2{,}6\,cm$

5
$V \approx 804{,}2\,cm^3$

Seite 26/27 Fit für den Abschluss

1
a) 3,50 m (Um die Größe abzuschätzen, ist es sinnvoll, sich an der Größe der Menschen neben den Kugeln zu orientieren.)
b) Volumen: $\frac{4}{3} \cdot \pi \cdot (1{,}75\,m)^3 \approx 22{,}449\,m^3$;
Dichte von Beton: $2{,}2\,g/cm^3 = 2{,}2\,t/m^3$;
Masse einer Kugel: $22{,}449\,m^3 \cdot 2{,}2\,t/m^3 \approx 49{,}388\,t$

c) Dichte von Styropor: $0{,}03\,g/cm^3 = 0{,}03\,kg/dm^3$;

$V = \frac{218\,kg}{0{,}03\,kg/dm^3} \approx 7267\,dm^3 \approx 7{,}267\,m^3$;

$r = \sqrt[3]{\frac{3 \cdot V}{4\pi}} \approx \sqrt[3]{\frac{3 \cdot 7{,}267\,m^3}{4 \cdot \pi}} \approx 1{,}20\,m$

Eine massive Kugel aus Styropor mit einer Masse von 218 kg hat einen Durchmesser von 2,40 m und ist kleiner als die Kugeln aus Beton. Die Styroporkugel muss folglich innen hohl gewesen sein und war somit nicht massiv.

d) Beispiellösung (Würfel): $L = \sqrt[3]{22{,}449\,m^3} \approx 2{,}8\,m$

2

a) $V = \frac{1}{3} \cdot (15\,cm)^2 \cdot 12\,cm = 900\,cm^3$

b) Das Volumen des unteren Pyramidenstumpfs macht nicht 43 %, sondern in Wirklichkeit ca. 57,8 % des Gesamtvolumens aus.

Beispielrechnung mithilfe der Maße des Pappmodells aus a): Aus dem Vergleich der ähnlichen Dreiecke kann geschlossen werden, dass die Grundkanten der Teilpyramiden im Verhältnis 4 : 3 : 2 : 1 bzw. 15 : 11,25 : 7,5 : 3,75 stehen. Die Gesamthöhe wird geviertelt. Dann kann die unterste Schicht durch Subtraktion der oberen aus drei Schichten bestehenden Pyramide von der Gesamtpyramide wie folgt berechnet werden:

$V = 900\,cm^3 - \left(\frac{1}{3} \cdot (11{,}25\,cm)^2 \cdot 9\,cm\right) \approx 900\,cm^3 - 379{,}7\,cm^3$

$\approx 520{,}3\,cm^3$; $520{,}3\,cm^3 : 900\,cm^3 \approx 0{,}578$

3

a) A) $V = 2572{,}5\,cm^3 \approx 2{,}6\,dm^3$

B) $V = 2058\,cm^3 \approx 2{,}1\,dm^3$

C) $V \approx 2514{,}3\,cm^3 \approx 2{,}5\,dm^3$

b) A) $1401{,}4\,cm^2$; B) $\approx 1034{,}9\,cm^2$; C) $\approx 1086{,}1\,cm^2$

Am wenigsten Verpackungsmaterial benötigt man für Verpackung B).

c) A) 52 % Luft; B) 54 % Luft; C) 61,5 % Luft

d) Individuelle Antworten

3 Wachstum

Seite 28

1

a)

Name	Einwohnerzahl in 2000	Einwohnerzahl in 2005	Veränderung	Wachstumsrate	Wachstumsfaktor
Tokyo	34,45 Mio.	35,32 Mio.	0,87 Mio.	2,53 %	1,0253
New York	17,85 Mio.	18,50 Mio.	0,65 Mio.	3,64 %	1,0364
Seoul	9,92 Mio.	9,59 Mio.	−0,33 Mio.	−3,33 %	0,9667
Sao Paulo	17,10 Mio.	18,33 Mio.	1,23 Mio.	7,19 %	1,0719
Shanghai	12,89 Mio.	12,67 Mio.	−0,22 Mio.	−1,71 %	0,9829
Istanbul	8,74 Mio.	9,76 Mio.	1,02 Mio.	11,67 %	1,1167
Berlin	3,38 Mio.	3,40 Mio.	0,02 Mio.	0,59 %	1,0059

b) Den größten Zuwachs an Einwohnern hat Sao Paulo.
Am schnellsten gewachsen ist Istanbul.
Seoul ist die Stadt, die am stärksten geschrumpft ist.

c) Die Wachstumsrate ist das Verhältnis aus Zuwachs und ursprünglicher Größe. Ein großer Zuwachs kann deshalb bei einer sehr großen Stadt eine vergleichsweise kleine Wachstumsrate ergeben.

2

Name	Einwohnerzahl in 2000	Einwohnerzahl in 2005	Veränderung	Wachstumsrate	Wachstumsfaktor
Köln	962 884	983 105	20 221	2,1 %	1,021
Düsseldorf	569 364	574 488	5124	0,9 %	1,009
Dresden	477 807	495 181	17 374	3,6 %	1,036
Essen	595 243	585 430	−9813	−1,6 %	0,984
München	1 210 064	1 259 677	49 613	+4,1 %	1,041

3

Wachstumsrate: 10 %
Wachstumsfaktor: 1,10

Zu Beginn	nach 1 Jahr	nach 2 Jahren	nach 3 Jahren	nach 4 Jahren	nach 5 Jahren	nach 10 Jahren
20 000 Einwohner	22 000	24 200	26 620	29 282	32 210	51 875

Der Bürgermeister könnte mit diesem Wachstum sein Ziel sogar um 6875 Einwohner übertreffen!

Seite 29

1

a) $c = 500$; $a = 1{,}03$; $f(n) = 500 \cdot 1{,}03^n$

Die Bank muss 76 773 048,38 € ≈ 76,77 Mio. € auszahlen!

b) Die Bank würde 73 791 310,99 € ≈ 73,79 Mio. € sparen.

c)

Jahre	0	20	40	60	80	100
Altes Dokument	500€	903€	1631€	2946€	5320€	9609€
Angebot der Bank	1000€	1486€	2208€	3281€	4875€	7245€

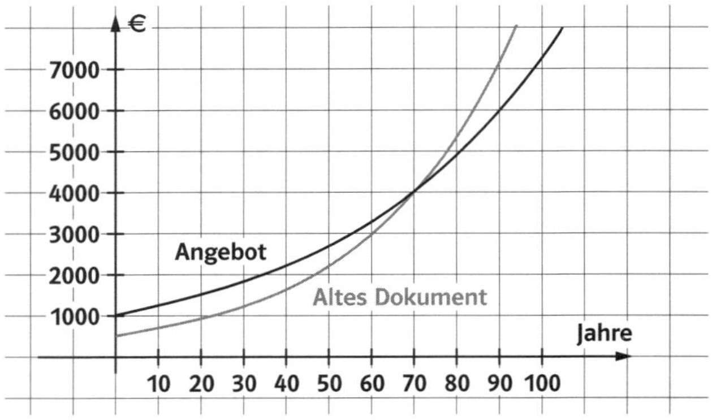

d) Die jeweils obere Linie kennzeichnet, bei welchem Angebot Lukas mehr Geld bekommen würde. Bis zum Schnittpunkt bei etwa 70 Jahren ist das Angebot der Bank für ihn besser, danach die Konditionen des alten Dokumentes.

e) $1\,000\,000 = 500 \cdot a^{100} \Longrightarrow$ Zinssatz 7,9 %

Seite 30

1

a)

x	0	1	2	3	4	5
f(x)	0,5	1	1,5	2,0	2,5	3

Die Funktion ist linear. $f(x) = 0{,}5x + 0{,}5$

b)

x	0	1	2	3	4	5
f(x)	0,5	0,6	0,9	1,4	2,1	3,0

Die Funktion ist quadratisch. $f(x) = 0{,}1x^2 + 0{,}5$

c)

x	0	1	2	3	4	5
f(x)	0,5	0,75	1,13	1,69	2,53	3,8

Die Funktion ist exponentiell. $f(x) = 0{,}5 \cdot 1{,}5^x$

2

a) Variante 1:

Jahr	2000	2001	2002	2003	2004	2005
Umsatz in Mrd. €	2,0	2,3	2,6	3,0	3,5	4,0

Variante 2:

Jahr	2000	2001	2002	2003	2004	2005
Umsatz in Mrd. €	2,0	2,4	2,8	3,2	3,6	4,0

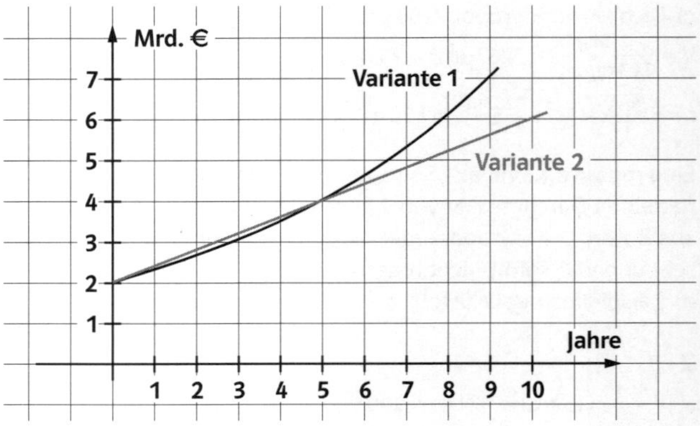

b) Variante 1: $f(x) = 2{,}0 \cdot 1{,}15^x$
Variante 2: $f(x) = 0{,}4x + 2{,}0$

c) Der Graph von Variante 2 steigt gleichmäßig an und erreicht 2007 einen zu niedrigen Wert von 4,8 Mrd. €. Variante 1 steigt immer schneller an und erreicht 2007 5,32 Mrd. € und ist damit wirklichkeitsnäher.

Seite 31

1

a) Bei jedem Falten verdoppelt sich die Dicke des Stapels. Ein normales DIN-A4-Blatt lässt sich maximal 7-mal falten.

b)

0	1	2	3	4	5	6	7	8	9
0,1	0,2	0,4	0,8	1,6	3,2	6,4	12,8	25,6	51,2

c) $c = 0{,}1$; $a = 2$; $f(n) = 0{,}1 \cdot 2^n$

d) + e)

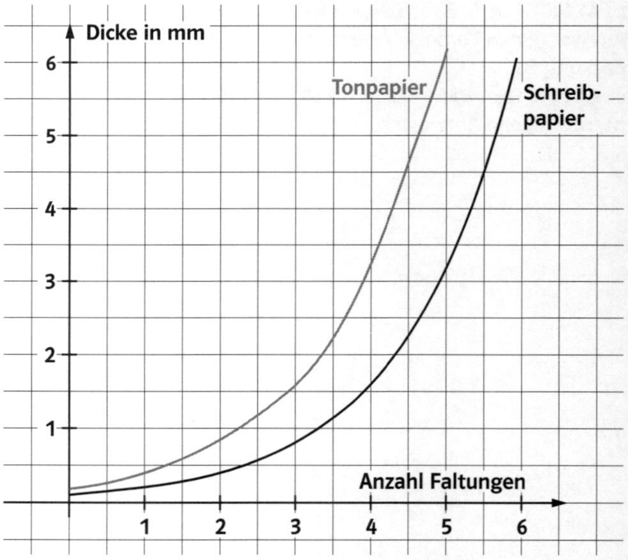

e) Man kann jeweils den doppelten Wert des ersten Graphen einzeichnen $e(n) = 0{,}02 \cdot 2^n$

f) 20 Faltungen: 104,9 m; 30 Faltungen: 107 374,2 m; 40 Faltungen: 109 951 162,8 m

g) 42 Faltungen

h) ca. 4,87 cm^2

Seite 32

1
a) Halbwertszeit: 29 Jahre; Stoff: Strontium-90
b) Nach 5 Jahren: 43,8 g ≙ 73 %
Nach 25 Jahren: 12,4 g ≙ 21 %
Nach 50 Jahren: 2,6 g ≙ 4 %

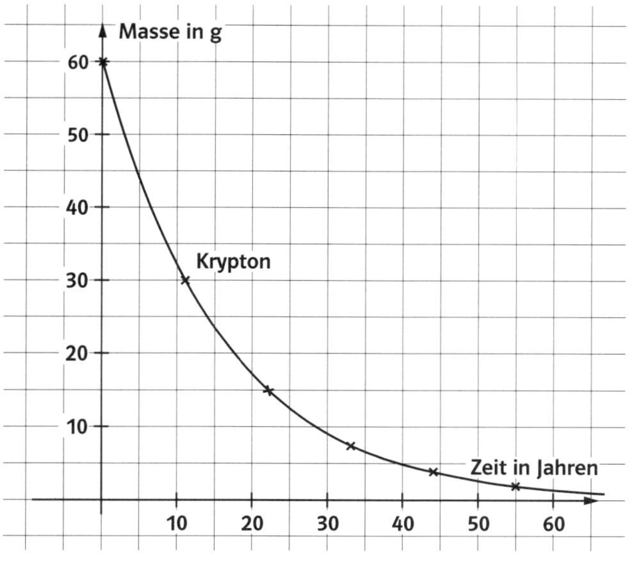

2
a) 97 %
b) 480 550 Jahre

Seite 34 Test

[mittel]
1

25 %	1,25	25	$f(x) = 25 \cdot 1{,}25^x$
−7 %	0,93	1700	$f(x) = 1700 \cdot 0{,}93^x$
−15 %	0,85	530	$f(x) = 530 \cdot 0{,}85^x$

2
a) 1,024 (Wachstumsrate 2,4 %)
b)

2007	2008	2009	2010
15,77 Mio.	16,15 Mio.	16,54 Mio.	16,93 Mio.

3
a) 22 Minuten
b) ca. 122 g

[schwieriger]
1
a)

3 %	1,03	125	$f(x) = 125 \cdot 1{,}03^x$
−10 %	0,9	1,5	$f(x) = 1{,}5 \cdot 0{,}9^x$

b) c = 200

2
a) $f(x) = 18{,}19 \cdot 1{,}0193^x$
b) $f(5) = 20{,}01$
2010 wird es 20,01 Mio. Einwohner geben.
c) 3,6 %

3
a) $f(x) = 500 \cdot 0{,}5^{\frac{x}{22}}$
b) 50,1 g

Seite 35/36 Fit für den Abschluss

1
a) Angebot 1:
6 · 50 € + 100 € = 400 €
750 € − 400 € = 350 €
Sie muss noch 350 € hinzuverdienen.
Angebot 2:
50 % Zinsen ergeben einen Wachstumsfaktor von 1,5. D. h., jeden Monat wird der bis dahin vorhandene Geldbetrag mit 1,5 multipliziert.
$50\,€ \cdot 1{,}5 \cdot 1{,}5 \cdot 1{,}5 \cdot 1{,}5 \cdot 1{,}5 \cdot 1{,}5 = 50\,€ \cdot 1{,}5^6 = 569{,}53\,€$
750 € − 569,53 € = 180,47 €
Sie muss noch 180,47 € hinzuverdienen.
b) Angebot 1:
Im gleichen Zeitabstand kommt immer der gleiche Betrag hinzu. Dies entspricht einem linearen Wachstum.
Angebot 2:
Im gleichen Zeitabstand wird der vorhandene Betrag mit dem gleichen Faktor vervielfacht. Dies entspricht einem exponentiellen Wachstum.
Darstellung A stimmt nicht, weil die Exponentialfunktion nicht bei 50 € beginnt.
Darstellung C stimmt nicht, da kein linearer Verlauf, der zu Angebot 1 passen könnte, dargestellt ist.
Darstellung B ist die richtige Lösung.
c) $f(x) = ax + b$
Die Steigung a entspricht 50 €. Der Anfangswert b ist 100 €.
$f(x) = 50x + 100$
d) $50 \cdot 1{,}5^x = 750 \quad | : 50$
$1{,}5^x = 15 \quad | \log$
$x = \log_{1,5} 15$
$x \approx 6{,}7$
Die Eltern müssten 7 Monate bezahlen.
e) $50 \cdot a^6 = 750 \quad | : 50$
$a^6 = 15 \quad | \sqrt[6]{}$
$a \approx 1{,}57$
Der Zinssatz müsste 57 % betragen.

2
a) Seine Ersparnisse von 32 002,11 € reichen aus.
b) 30,7 Jahre
c) 24 256 €
d) $f(x) = 24\,256 \cdot 0{,}94^x$
e) Bei 24,2 % Wertverlust im ersten und 6 % ab dem zweiten Jahr hat das Auto nach 5 Jahren noch 59,2 % seines ursprünglichen Wertes.

3
a) 5,34 mg
b) 10,91 %
c) Nach 10 Stunden

Mathematik aus der Zeitung

Seite 37

Haustiere
a)

Haustiere in Deutschland	Prozent (%)
Katzen	31,1
Ziervögel	22,1
Hunde	21,2
Meerschweinchen u. a. Kleintiere	25,7

b)

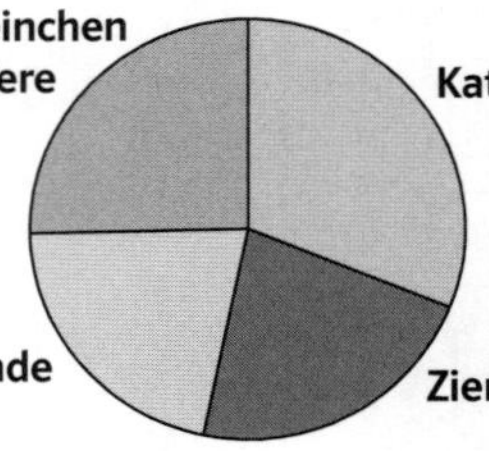

c) Es wird 46,5 % für Katzenfutter ausgegeben.
d) Eine Katze kostet rund 195 € im Jahr an Futter und Bedarfsartikeln, ein Hund rund 222 €, das sind 27 € mehr.
e) Der Schäferhund sollte 33 kg wiegen.
f) Paul hat 27,3 % Übergewicht.

Seite 38

Abgehoben
a) Fluggäste 2002, gerundet:
Frankfurt 48,5 Mio., München 23,2 Mio., Düsseldorf 14,8 Mio., Berlin 12,1 Mio., Hamburg 8,9 Mio., Köln/Bonn 5,4 Mio., Stuttgart 7,3 Mio., Bremen 1,7 Mio.
b) Düsseldorf, nämlich rund 0,5 Mio.
c) Köln/Bonn, nämlich rund 2,4 Mio.
d) Es wurden rund 137 Mio. Fluggäste transportiert.
e) 615 Mio. t Treibstoff werden voraussichtlich verbraucht.
f) Aufgrund des Zuwachses von 3 bis 7 % wird die 200-Millionen-Grenze zwischen 2009 und 2015 erreicht.

4 Zufall

Seite 39

1

a)

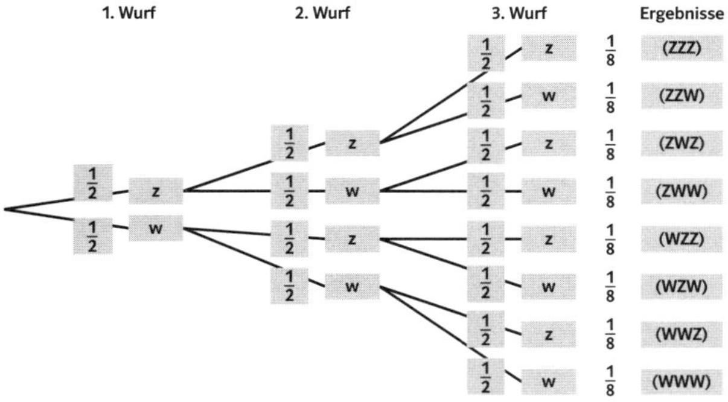

b) $\frac{1}{8}$

c) Das Ereignis umfasst vier Ergebnisse (zzz), (zzw), (zwz), (wzz). Die Wahrscheinlichkeit ist $\frac{4}{8} = \frac{1}{2}$.

2

a)

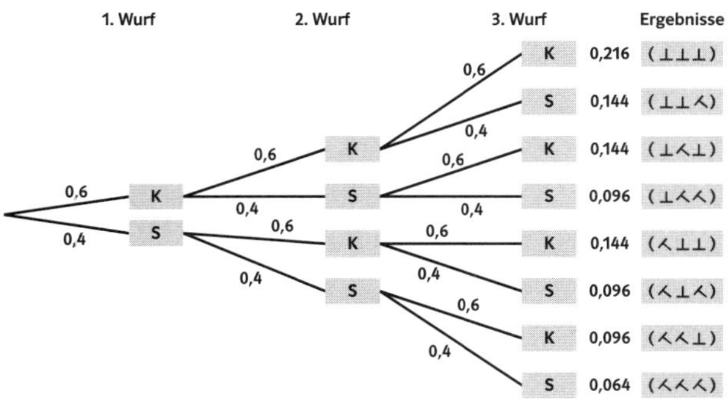

S ≙ Seitenlage; K ≙ Kopflage

b) Die Wahrscheinlichkeit für „mindestens zweimal Kopflage" beträgt $0{,}216 + 3 \cdot 0{,}144 = 0{,}648$.

Seite 40

1

a)

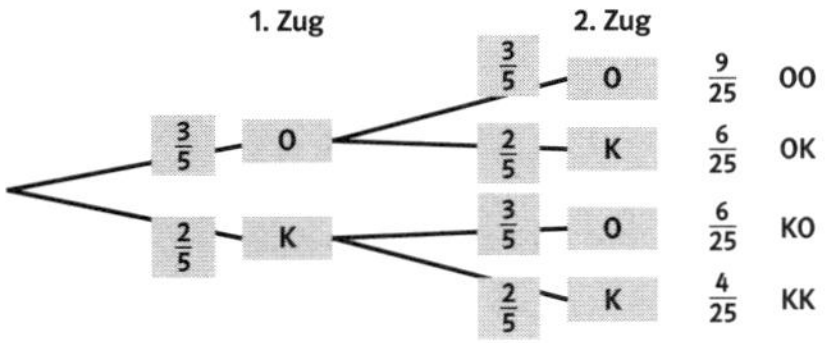

b) OO: $\frac{9}{25} = 36\,\%$; KO und OK: $\frac{6}{25} = 24\,\%$; KK: $\frac{4}{25} = 16\,\%$

c)

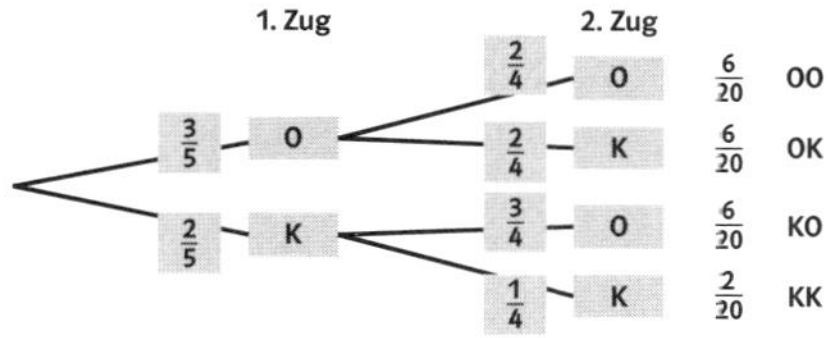

d) OO, OK oder KO: $\frac{6}{20} = 30\,\%$; KK: $\frac{2}{20} = 10\,\%$

2

a)

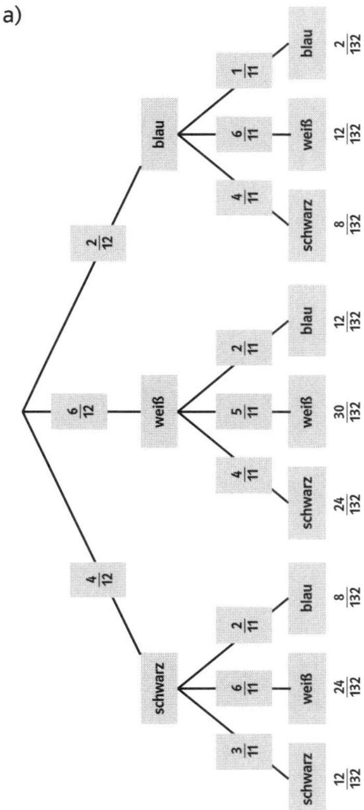

b) $\frac{12}{132} + \frac{30}{132} + \frac{2}{132} = \frac{44}{132} = \frac{1}{3}$

Seite 41

1

a)

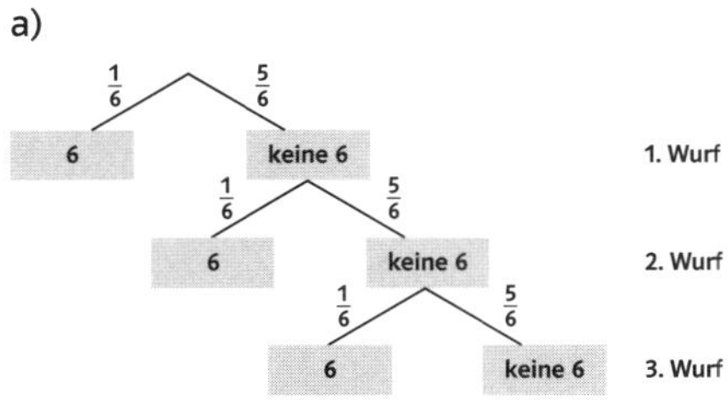

$\frac{1}{6} + \frac{5}{6} \cdot \frac{1}{6} + \frac{5}{6} \cdot \frac{5}{6} \cdot \frac{1}{6} = \frac{91}{216} \approx 42\,\%$

b) 1. Stufe: Mit einer Wahrscheinlichkeit von $\frac{91}{216}$ gelingt es mir, ins Spiel zu kommen.
2. Stufe: Mit einer Wahrscheinlichkeit von $\frac{2}{6}$ gelingt es mir, einen der Steine „rauszuschmeißen".

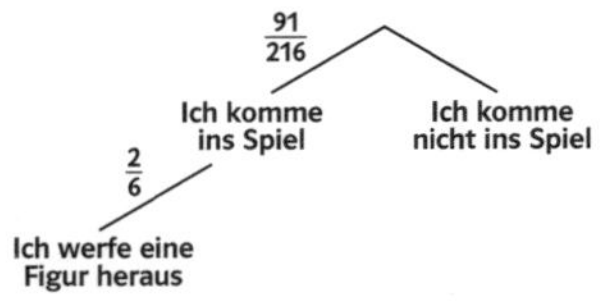

Die Wahrscheinlichkeit ist $\frac{91}{216} \cdot \frac{2}{6} = \frac{91}{648} \approx 14\,\%$.

Seite 42

2

a)

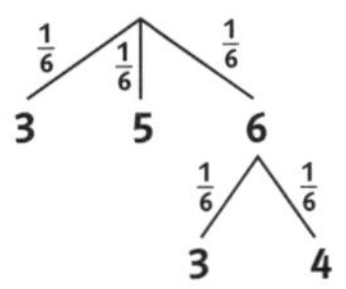

$\frac{1}{6} + \frac{1}{6} + \frac{1}{36} + \frac{1}{36} = \frac{7}{18} \approx 39\,\%$

b) Die Figuren müssen so positioniert werden, dass drei von ihnen beim ersten Wurf geschlagen werden können. Die vierte Figur muss hinter Lucas Figur platziert werden.

Die Wahrscheinlichkeit ist dann $\frac{1}{6} + \frac{1}{6} + \frac{1}{6} = \frac{1}{2}$.

3

a) Er muss so werfen, dass sich als Augensumme 6, 7, 8 oder 9 ergibt.

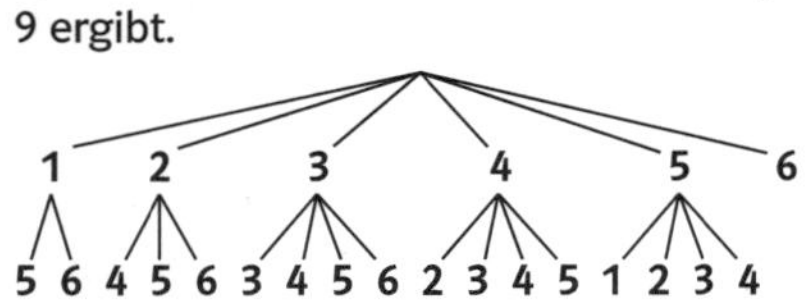

$\frac{2}{36} + \frac{3}{36} + \frac{4}{36} + \frac{4}{36} + \frac{4}{36} + \frac{1}{6} = \frac{23}{36} \approx 64\,\%$

b) Die Augensummen 6 und 7 führen zum Ziel.

$\frac{2}{36} + \frac{2}{36} + \frac{2}{36} + \frac{2}{36} + \frac{2}{36} + \frac{1}{6} = \frac{4}{9} \approx 44\,\%$

Seite 43

1

	krank	gesund	Summe
Test positiv	0,3 %	5,6 %	5,9 %
Test negativ	0,1 %	94,0 %	94,1 %
Summe	0,4 %	99,6 %	100 %

2

a) Sensitivität $\frac{22}{32} \approx 68{,}8\,\%$; Spezifität $\frac{7043}{7461} \approx 94{,}4\,\%$

b) Beispiellösung:
Nur Tests mit hoher Sensitivität erkennen die Erkrankung. Bei hoher Spezifität werden weniger Gesunde unnötig behandelt.

3

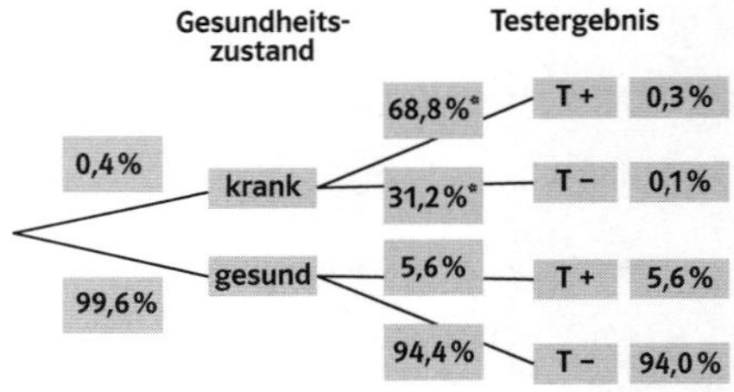

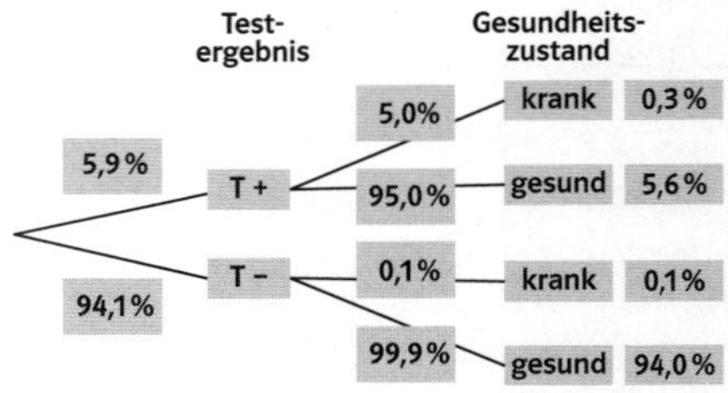

* Ergibt sich bei der Berechnung mit den absoluten Werten, bei der Berechnung mithilfe der gerundeten relativen Werte bekäme man 75,0 %.

4

Die Aussage ist richtig!

Seite 45 Test

[mittel]

1

a)

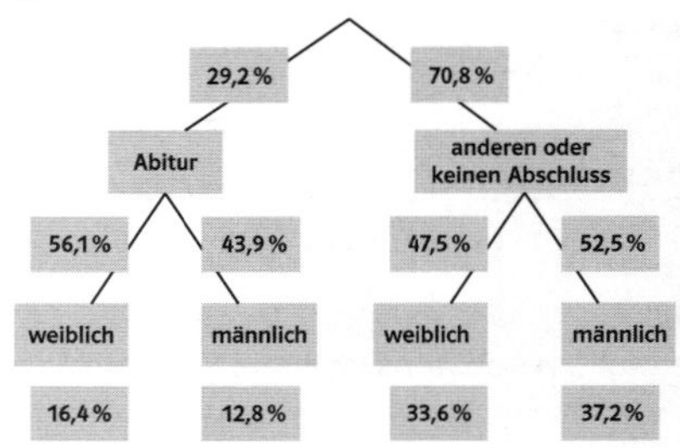

b) Mehr Mädchen als Jungen machten 2008 das Abitur.

c) $223\,500 \cdot 29{,}2\,\% = 65\,262$

2

Aussagen a) und d) stimmen, Aussagen b) und c) stimmen nicht.

3

Die Aussage stimmt und kann dem Baumdiagramm entnommen werden:

$16{,}4\,\% + 33{,}6\,\% = 50{,}0\,\%$

[schwieriger]

1

a)

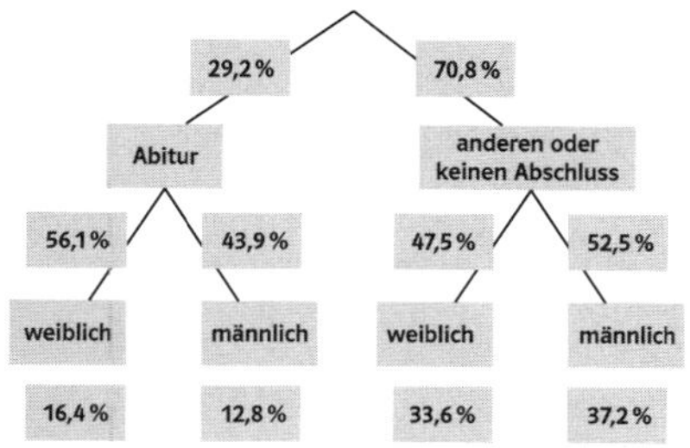

b) $223\,500 \cdot 70{,}8\,\% = 158\,238$

c) $223\,500 \cdot 16{,}4\,\% = 36\,654$

2

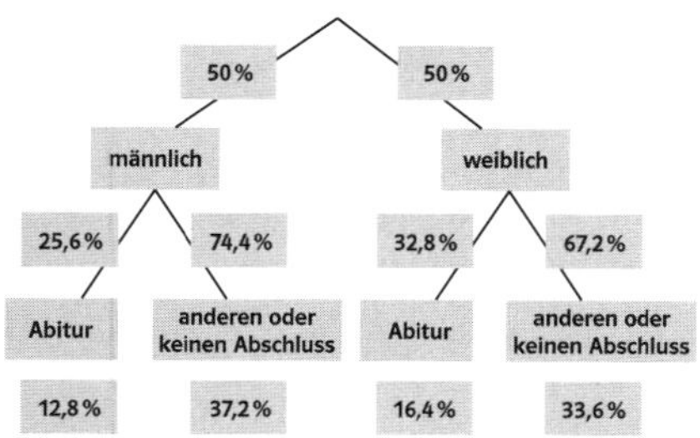

3

Die Aussage stimmt und kann dem „umgekehrten Baumdiagramm“ entnommen werden oder aus dem ersten Baumdiagramm berechnet werden.

$37{,}2\,\% : 50\,\% = 74{,}4\,\%$

Seite 46/47 Fit für den Abschluss

1

Eine Möglichkeit zu Erläuterung wäre das Anlegen einer Tabelle der Spielpaarungen.

	1.	2.	3.	4.	5.	6.
1. Alexander						
2. Luca						
3. Hendrik						
4. Julian						
5. Philip						
6. Georgios						

Insgesamt finden 30 Spiele statt.

2

a) Nur die Aussage, dass Luca in vielen Spielen durchschnittlich etwa 7 von 10 Spielen gewinnt, ist richtig.

b)

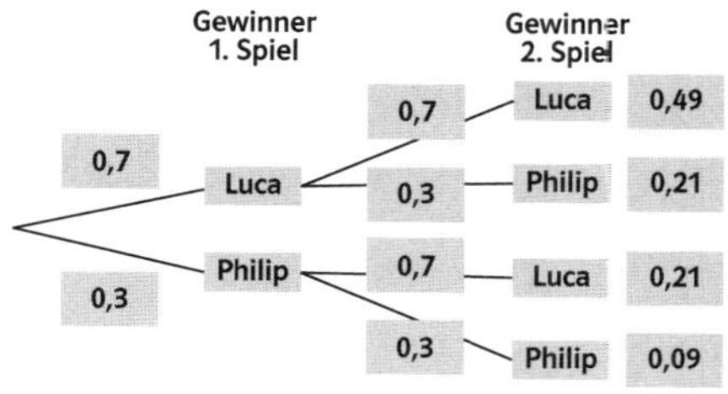

c) $0{,}7 \cdot 0{,}7 = 0{,}49 = 49\,\%$

d) $100\,\% - 49\,\% = 51\,\%$

e) $0{,}3^3 = 0{,}027 = 2{,}7\,\%$

3

Sowohl bei den deutlichen Schäden als auch bei den ungeschädigten Bäumen ergibt sich eine Verbesserung von 2 Prozentpunkten …

… richtig, die Werte sinken von 27 auf 25 bzw. steigen von 29 auf 31.

Ein Viertel der Waldbäume zeigt jedoch deutliche Schäden …

… richtig, der Wert ist 25.

Ungeschädigt sind lediglich 31 % der Bäume …

… richtig, der Wert ist 31.

Buche und Fichte haben sich im Vergleich zum Vorjahr erfreulicherweise erholt …

… richtig, bei der Buche ist der Anteil der deutlichen Schäden von 42 % auf 25 % gefallen, der Anteil ohne Schadensmerkmale ist von 21 % auf 29 % gestiegen.

… richtig, bei der Fichte ist der Anteil der deutlichen Schäden von 23 % auf 21 % gefallen, der Anteil ohne Schadensmerkmale ist von 31 % auf 36 % gestiegen.

Der Kronenzustand der Kiefer ist etwas abgesunken …

… richtig, die deutlichen Schäden haben von 13 % auf 20 % zugenommen. Die Kiefern ohne Schadensmerkmale sind von 35 % auf 24 % gesunken.

Die Eiche hat sich in diesem Jahr erneut verschlechtert …

… richtig, Zunahme der deutlichen Schäden von 43 % auf 51 %, Abnahme der Bäume ohne Schäden von 22 % auf 19 %.

4

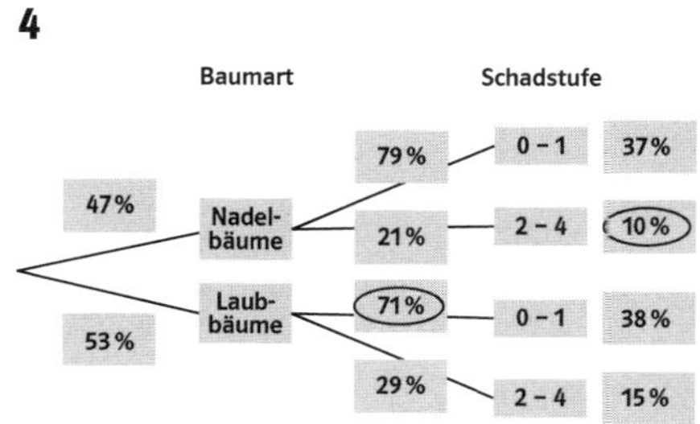

Die eingekreisten Werte wurden korrigiert.

5

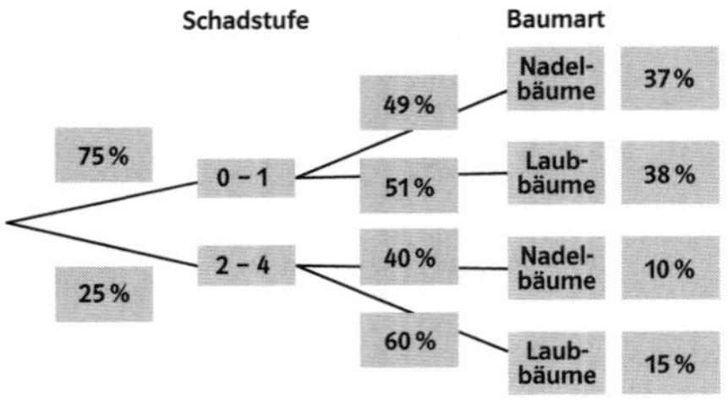

6

a) Richtig! Betrachte ich nur die Nadelbäume, sind 21% deutlich geschädigt.
b) Richtig! Der Anteil der Nadelbäume mit deutlichen Schäden zu der Gesamtzahl aller Bäume ist etwa 10%.
c) Richtig! Betrachte ich nur die deutlich geschädigten Bäume, sind davon ca. 40% Nadelbäume.

5 Trigonometrie

Seite 48

1

a) $\sin\alpha = \frac{a}{c}$; $\sin\delta = \frac{x}{y}$
b) $\cos\alpha = \frac{c}{b}$; $\cos\varepsilon = \frac{r}{m}$
c) $\tan\alpha = \frac{a}{b}$; $\tan\psi = \frac{f}{d}$

2

a) $\frac{a}{b} = \sin\alpha$ richtig
$\frac{d}{f} = \sin\varepsilon$ falsch; richtig: $\cos\varepsilon$
b) $\frac{y}{z} = \tan\delta$ falsch; richtig: $\cos\delta$
$\frac{s}{t} = \tan\gamma$ richtig
c) $\frac{c}{a} = \cos\gamma$ falsch; richtig: $\sin\gamma$
$\frac{n}{p} = \cos\delta$ falsch; richtig: $\tan\delta$

3

a) $\alpha \approx 59{,}9°$; $\beta \approx 30{,}1°$
b) $\gamma \approx 61{,}9°$; $\alpha \approx 28{,}1°$
c) $\alpha \approx 77{,}3°$; $\gamma \approx 12{,}7°$
d) $\beta \approx 54{,}6°$; $\gamma \approx 35{,}4°$

Seite 49

4

α	15°	37°	63°	81°
$\sin\alpha$	0,258 819	0,601 815	0,891 007	0,987 688
$\cos\alpha$	0,965 926	0,798 636	0,453 990	0,156 434
$\tan\alpha$	0,267 949	0,753 554	1,962 611	6,313 752

5

a)

$\sin\alpha$	0,292 37	0,777 14	0,994 52
α	17°	51°	84°

b)

$\cos\alpha$	0,913 54	0,681 99	0,156 43
α	24°	47°	81°

c)

$\tan\alpha$	0,052 40	1,191 75	28,6362
α	3°	50°	88°

6

a) a = 8,2 m; b = 3,5 m
b) r = 3,6 cm; s = 11,2 cm

7

a) a ≈ 3,5 cm; b ≈ 7,5 cm; $\beta = 65°$
b) a ≈ 5,9 cm; b ≈ 7,1 cm; $\alpha = 55°$
c) $\alpha \approx 48{,}5°$; $\beta \approx 41{,}5°$; c ≈ 20,8 m
d) $\beta \approx 54{,}9°$; $\gamma \approx 35{,}10°$; c ≈ 2,5 dm

Seite 50

1
d = b = 3 cm; h ≈ 2,6 cm

2

$78° : 2 = 39°$

$\sin 39° = \frac{\frac{1}{2} \cdot s}{8}$

$\frac{1}{2} \cdot s = \frac{8}{\sin 39°}$ f

$\frac{1}{2} \cdot s \approx 12{,}71 \quad | \cdot 2$

$s \approx 25{,}42\,cm$

Richtiger Rechenweg:

$\frac{1}{2} \cdot s = \sin 39° \cdot 8$

$\frac{1}{2} \cdot s \approx 5{,}03 \quad | \cdot 2$

$s \approx 10{,}07\,cm$

3
f ≈ 10,1 cm; e ≈ 19,3 cm

4
e ≈ 14,1 cm; α ≈ 35,3°

Seite 51

5
h ≈ 27,2 m

6
Skizze des Steigungsdreiecks

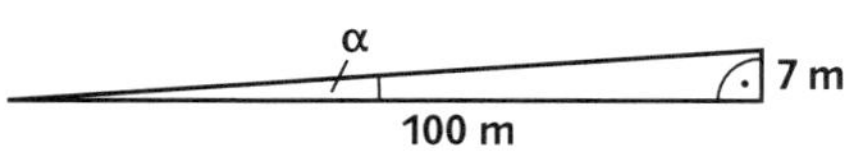

$\tan\alpha = \frac{7}{100}$; $\alpha \approx 4{,}0°$

Der Steigungswinkel beträgt bei 7% Steigung ungefähr 4°. Die Lage des rechten Winkels im abgebildeten „Steigungsdreieck" des Verkehrsschildes ist irreführend.

7
l ≈ 422,7 m; h ≈ 63 m

8
In 82,5 m Entfernung von Punkt A steht ein Baum am Schluchtrand. Von diesem aus wird der Punkt B auf der anderen Seite der Schlucht unter einem Winkel von 55° angepeilt.
$\overline{AB} \approx 117{,}8\,m$

Seite 52

1
a) α ≈ 52,3°; γ ≈ 92,7°; c ≈ 15,2 cm
b) β = 72,5°; c ≈ 14,0 m; a ≈ 15,6 m

2
$\frac{\text{2. Peilung}}{3{,}5\,km} = \frac{\sin 48°}{\sin 124°}$

2. Peilung = 3,137 km ≈ 3,14 km

3
Die Formel im Tipp lässt sich immer anwenden, wenn in einem Dreieck zwei Seiten und der eingeschlossene Winkel bekannt sind.
$A_{ABC} = A_{PBC} + A_{PAB} - A_{PAC}$
$\approx 416{,}271\,m^2 + 384{,}206\,m^2 - 391{,}564\,m^2$
$\approx 408{,}913\,m^2$

Seite 53

1

P	α	x- Koordinate cos α	y-Koordinate sin α
P_1	65°	0,42	0,91
P_2	135°	−0,71	0,71
P_3	168°	−0,98	0,21
P_4	226°	−0,69	−0,72
P_5	312°	0,67	−0,74

2

sin α	0° − 90°	90° − 180°	180° − 270°	270° − 360°
sin 84°	84°	96°	264°	276°
sin 122°	58°	122°	238°	302°
sin 235°	55°	125°	235°	305°
sin 333°	27°	153°	207°	333°
sin 360°	0°	180°	180°	360°

3
a) cos 250°   b) cos 255°   c) cos 220°   d) cos 206°

4
a) 217° und 323°   b) 112° und 248°
c) 248° und 292°   d) 25° und 335°

5
30°; 150°; 210° und 330°

Seite 54

1

	x-Wert (cos α)	y-Wert (sin α)
410°	0,64	0,77
490°	−0,64	0,77
620°	−0,17	−0,98
760°	0,77	0,64

2
z. B. 0°; 180°; 360°; 540°; 720°

3
a) 0°; 180°; 360° b) 265°; 275° c) 35°; 145°

4
a) 417°; 483° b) 924°; 1056°

5

a	15°	30°	60°	75°
h in m	5,44	10,50	18,19	20,28

6
a) Der Drehwinkel beträgt 2995,1°.
b) 8 volle Drehungen; Restwinkel = 115,1°

Seite 56 Test

[mittel]
1
b ≈ 11,4 m; c ≈ 35,0 m

2
$\alpha \approx 27{,}8°$; $\beta \approx 62{,}2°$

3
Die Klappleiter reicht 2,36 m hoch.

4
x = −0,5; y = −0,866

5
a) sin 65° = sin 115° = sin 425°
b) sin 205° = sin 335° = sin 565°

[schwieriger]
1
$\beta = 28°$; $\alpha \approx 13{,}8$ cm; b ≈ 7,3 cm

2
h ≈ 4,9 m

3
Die Orte B und C liegen ca. 2593 m ≈ 2,6 km weit voneinander entfernt.

4
x = −0,866; y = 0,5

5
z. B. $\alpha_1 = 30°$; $\alpha_2 = 150°$; $\alpha_3 = 390°$

Seite 57/58 Fit für den Abschluss

1
a) Bei gemessenem Durchmesser von 8 cm ist der Maßstab 1 : 2000.
b) 60 m unter der x-Achse bei 41,41° oder 318,59°,
60 m über der x-Achse bei 138,59° oder 221,41°.
c) Du wirst dich insgesamt 4-mal im 40 m-Abstand zur x-Achse befinden:
2-mal über der x-Achse bei 120° und bei 240°,
2-mal unter der x-Achse bei 60° und bei 300°.

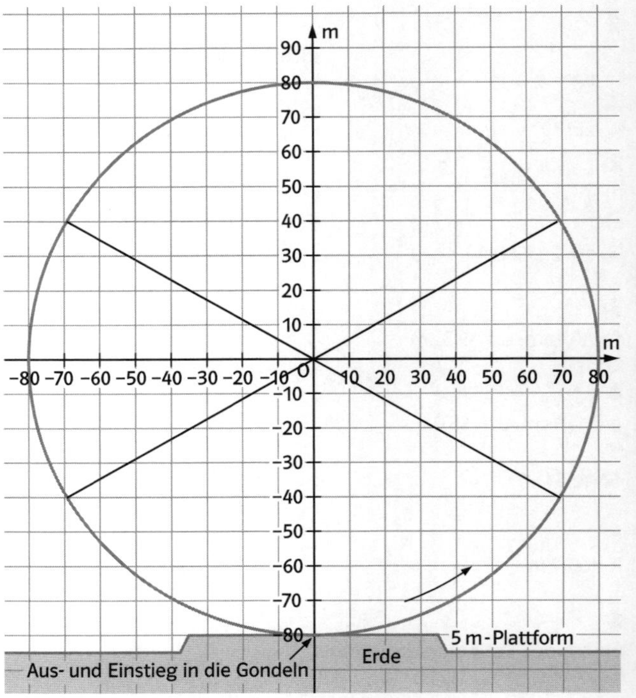

d)

Drehung	30°	100°	170°	260°	310°	360°
Höhe in m	15,72	98,89	163,78	98,89	33,58	5

e) z. B.:
Höhe in m = 85 − Radius · sin des Drehwinkels

2
a) Nach einer Drehung von 133,43° ist die Höhe erreicht.
b) Zwischen einer Drehung von 133,43° bis 226,57° befindest du dich über 140 m hoch.
c) Ca. 9 min 34 s lang hat man die schöne Aussicht.

3
a) Der Umfang beträgt ca. 502,65 m.
Die 28 Gondeln sind in einem Abstand von ca. 17,95 m auf das Rad montiert.
b) Die Geschwindigkeit beträgt 0,23 m/s = 0,828 km/h.
c) Gesamtgewicht 506 800 kg ≈ 507 t.

4
a) 28 × 28 = 784 Personen maximal ≙ 100 %
40 × 36 = 1440 Personen ≙ 183,7 %
183,7 % entspricht fast einer Verdopplung
b) Umfang Pekinger Rad ≈ 653,45 m; Geschwindigkeit bei 37 min (= 2220 s) Fahrzeit ≈ 0,29 m/s bzw. ≈ 1,06 km/h.
c) Durchmesser Singapore Flyer 160 m ≙ 100 %
Durchmesser Pekinger Rad 208 m ≙ 130 %, also 30 % größer als der Durchmesser vom Singapore Flyer.

6 Potenzen

Seite 59

1

a) 6^7 b) 3^{14} c) 5^{10} d) $1{,}3^{10}$
e) 4^{18} f) $0{,}7^{11}$ g) 6^{-3} h) 1
i) $0{,}8^{-3}$ j) 2^2 k) 7^{20} l) 9^2
m) $0{,}6^{25}$ n) 8^2 o) 1^{15} p) 0,4

2

a) 4 b) 6 c) 2 d) 11
e) 10 f) 5 g) 1 h) 9
i) 2 j) 7

3

a) $8a^7$ b) $\frac{7}{6}a$ c) $9x^{18}$ d) x^2
e) $3b^9$ f) $2b^2$ g) y^6 h) y^7
i) $2z^{14}$

4

a) $7^5 < 7^6 < 7^7 < 7^8$
b) $0{,}1^{-1} > 0{,}1^1 = 0{,}1^1 > 0{,}1^{22}$
c) $3 < 3^3 < 3^4 < 3^5 < 3^6 < 3^7$
d) $2^8 < 4^5 < 3^8 < 5^8 < 6^8$

5

a) $x^{11} + x^{13}$ b) $b^{11} + 2b^{18}$ c) $3a^7 + 3a^8$
d) $8y^8 - 12y^7$ e) $z^4 + z^5 + z^6$

6

a) $a^3(a^4 + 1)$ b) $b^8(b + 1)$ c) $x^{11}(x^2 - 1)$
d) $y^4(y^8 + y^5 + 1)$ e) $z^2(1 + 1) = 2z^2$ f) $2c^2(4c^6 - 2c^2 + 1)$

Seite 60

7

a) 24^9 b) 40^5 c) 3^3 d) $0{,}25^1$ e) 3^6
f) 36^7 g) 6^8 h) 2^4 i) $1{,}5^3$

8

a) $2^4 = 16$ b) $3^3 = 27$ c) $2^6 = 64$ d) $3^5 = 243$
e) $27^8 \approx 2{,}8 \cdot 10^{11}$ f) 10
g) $12^2 = 144$ h) $9^7 = 4\,782\,969$

9

a) 100 000 000 b) 1 000 000 c) 10^{10} d) 1
e) 1 f) 64 g) 0,000 002 56 h) 16

10

a) $2^4 \cdot 5^4 \cdot 5 = 50\,000$ b) $5^3 \cdot 2^3 \cdot 2^2 = 4000$
c) $2{,}5^3 \cdot 2^3 \cdot 2 = 250$ d) $12^2 : 2^2 : 2 = 18$
e) $4^2 : 2^2 : 2^4 = 0{,}25$

11

a) $2^6 = 64$ b) $10^4 = 10\,000$
c) $0{,}1^6 = 0{,}000\,001$ d) $3^4 = 81$
e) $2^6 = 64$ f) $2^6 = 64$
g) $1{,}5^3 = 3{,}375$ h) $3^5 = 243$

12

a) $125a^6$ b) $9b$ c) $16x^4$
d) $4z$ e) $\frac{1}{2}y^7$

Eigene Aufgaben: Individuelle Lösung

Seite 61

1

a) 2^{-2} b) 9^{-9} c) x^{-11} d) a^{-3}
e) y^{-1} f) 8^{-1} g) 1 h) z^{-99}

2

a) $\frac{1}{9}$ b) $\frac{1}{32}$ c) 1 d) $\frac{1}{8}$
e) $\frac{3}{4}$ f) 2

Die verbleibenden Lösungen, haben alle denselben Wert:
$4^{-1} = \frac{1}{4} = 2^{-2}$

3

a) $2^{-3} = \frac{1}{2^3} = \frac{1}{8}$ b) $\frac{1}{4^2} = \frac{1}{16}$
c) $\frac{1}{3^2} = \frac{1}{9}$ d) $\frac{1}{6^2} = \frac{1}{36}$
e) $\frac{1}{9^2} = \frac{1}{81}$ f) $\frac{1}{10^5} = \frac{1}{100\,000}$
g) $0{,}5^{-2} = 4$ h) $99^{-1} = \frac{1}{99}$

4

a) $\frac{3^6}{6^2} = 20{,}25$ b) $\frac{8^3}{5^2} = 20{,}48$
c) $\frac{2^6}{4^3} = 1$ d) $\frac{1}{4^3 \cdot 5^4} = \frac{1}{40\,000} = 0{,}000\,025$
e) $\frac{3^{10}}{10^3} = 59{,}049$ f) $\frac{7^3}{100^2} = 0{,}0343$
g) $\frac{12^8}{2^8} = 6^8 = 1\,679\,616$ h) $\frac{1}{8^2} = 0{,}015\,625$

5

a) x^2 b) $y^{-19} = \frac{1}{y^{19}}$ c) a^5 d) z
e) $\frac{b^{18}}{b^8} = b^{10}$ f) $\frac{c^{14}}{c^4} = c^{10}$ g) $\frac{b^4 \cdot a^3}{a^4 \cdot b^3} = \frac{b}{a}$

6

a) $\frac{1}{2^4} + \frac{1}{4^2} + \frac{1}{2^{-4}} + \frac{1}{4^{-2}} = \frac{1}{16} + \frac{1}{16} + 2^4 + 4^2 = \frac{2}{16} + 32 = 32{,}125$
b) $\frac{1}{3^3} - \frac{1}{3^3} + 3^3 + 3^3 = 54$
c) $\frac{1}{5^2} + \frac{1}{5^3} + 8^2 + 9^3 = 0{,}04 + 0{,}008 + 64 + 729 = 793{,}048$

Seite 62

1

a) 12 b) 3 c) 5 d) 1
e) 2 f) 4 g) 3 h) 7
i) 2 j) 1

2

a) $\sqrt[10]{10}$ b) $\sqrt[b]{a}$ c) $9^{\frac{1}{3}}$ d) 4
e) $x^{\frac{1}{4}}$ f) 1 g) $\sqrt[2a]{b}$ h) $3 \cdot \sqrt[3]{c}$
i) $\left(\frac{1}{y}\right)^{\frac{1}{2}}$ j) $(2b)^{\frac{1}{a}}$

3

a) $x = 3$ b) $a = 2$ c) $z = \sqrt[7]{4} \approx 1{,}22$

d) $c = 1$ e) $b = 3$ f) $x = 6$

g) $x = \sqrt[6]{12} \approx 1{,}51$ h) $a = \sqrt[11]{11} \approx 1{,}24$ i) $y = 27^3 = 19\,683$

j) $b = \sqrt[9]{100} \approx 1{,}67$

4

a) $\sqrt[3]{x \cdot y}$ b) $\sqrt[7]{\frac{a}{b}}$ c) 1 d) $\sqrt[4]{x \cdot y \cdot z}$

e) $x \cdot \sqrt{2}$ f) $\sqrt[6]{\frac{x}{y \cdot z}}$ g) $\sqrt[5]{32}$

Seite 63

1

	a)	b)	c)	d)	e)	f)	g)
Faktor k	2	5	3	4	3	0,5	0,4
O (alt) in cm^2	12	4	15	7	56	124	15
Faktor k^2	4	25	9	16	9	0,25	0,16
O (neu) in cm^2	48	100	135	112	504	31	2,4
V (alt) in cm^3	2	4	4	3,5	12	20	150
Faktor k^3	8	125	27	64	27	0,125	0,064
V (neu) in cm^3	16	500	108	224	324	2,5	9,6

2

a)

x	−1,5	−1	−0,5	0	0,5	1	1,5
f(x)	6,75	3	0,75	0	0,75	3	6,75

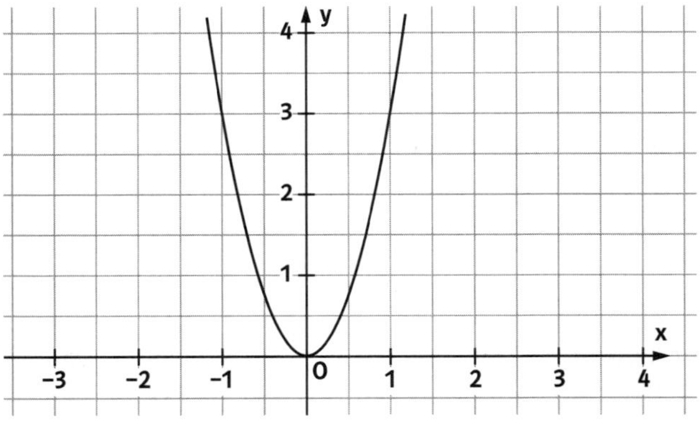

b)

x	−1,5	−1	−0,5	0	0,5	1	1,5
f(x)	−2,7	−0,8	−0,1	0	0,1	0,8	2,7

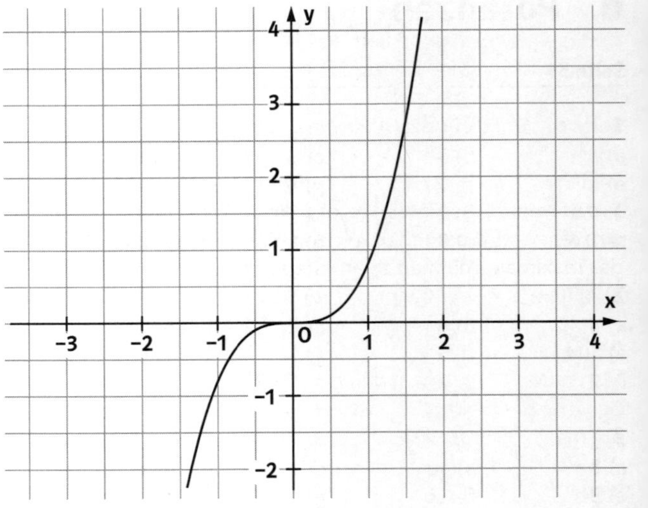

3

a) $\frac{O_2}{V_2} = \frac{5^2 \cdot O_1}{5^3 \cdot V_1} = \frac{O_1}{5 \cdot V_1} = \frac{1{,}5}{5} = 0{,}3\,\frac{cm^2}{cm^3}$

b) Die neue Oberfläche das Quaders beträgt 3,6 cm^2.

Seite 65 Test

[mittel]

1

a) 2 b) 9 c) 2

d) 12 e) 8 f) 5

2

a) $x^{-20} = \frac{1}{x^{20}}$ b) $(a \cdot b \cdot c)^3$ c) $\left(y^{\frac{5}{6}}\right)^6 = y^5$

3

a) $8^5 < 8^6 < 8^7 < 8^8$

b) $2 < 3 < 4 = 4 < 5 < 6$

4

a) x b) $\frac{1}{a^{2b}}$

5

a) um Faktor $k^2 = 9$ b) 324 cm^3

[schwieriger]

1

a) 5 b) 4 c) 5

d) 10 e) 4 f) 6

2

a) x^8 b) 1 c) $\frac{1}{(a \cdot b \cdot c)^3}$

3

a) alle Werte sind 1 b) $2 < 8 < 9 < 11 < 12$

4

a) $(a \cdot b)^{\frac{1}{3}}$ b) $\sqrt{z}$

5

a) Die neue Oberfläche beträgt $450\,cm^2$.
b) Das alte Volumen betrug $2\,cm^3$.

Seite 66/67 Fit für den Abschluss

1

Die Zuordnung Verpackungsvolumen zu Inhalt ist proportional, deswegen wird der Inhalt mit dem Faktor 6 multipliziert um das maximale Volumen zu erhalten.

a) $450\,cm^3$ b) $600\,cm^3$ c) $900\,cm^3$ d) $1200\,cm^3$

2

Man muss das Volumen durch 6 dividieren, um das minimale Gewicht zu erhalten.

a) 80 g b) 120 g c) 175 g d) 210 g

3

a) $V_{Quader} = l \cdot b \cdot h$; $b = \frac{V}{l \cdot h} = \frac{585}{13 \cdot 6} = 7{,}5$

Die Schachtel ist 7,5 cm tief.

b) $O_{Quader} = 2 \cdot l \cdot b + 2 \cdot l \cdot h + 2 \cdot b \cdot h$

Die Schachtel hat eine Oberfläche von $441\,cm^2$.

c) Es gilt $\frac{O_{neu}}{O_{alt}} = 2{,}25 = k^2$

$k = \sqrt{2{,}25} = 1{,}5$

$\frac{V_{neu}}{V_{alt}} = 1{,}5^3 = 3{,}375$

$V_{neu} = 3{,}375 \cdot V_{alt} = 585 \cdot 3{,}375 = 1974{,}375\,cm^3$

Das neue Volumen beträgt ca. $1975\,cm^3$.

4

a) $V \approx 770\,m^3$
b) Nein, die Schachtel dürfte ein maximales Volumen von $720\,m^3$ haben bzw. die Pralinen müssten mindestens 129 g wiegen.
c) Die Schachtel ist um ca. 7% zu groß.
d) Der Packungsinhalt müsste ein Gewicht von mindestens 129 g haben.

5

Die Verpackungsgröße ändert sich um 25%.
Nach dem Eichgesetz müsste sich dann auch der Packungsinhalt nur um mindestens 25% erhöhen. Wenn die Angabe auf der Packung stimmt, wäre das in Ordnung.

Mathematische Werkstatt

Seite 68

1

a) $5\frac{29}{30}$ b) $\frac{1}{6}$ c) $1\frac{3}{4}$
d) $1\frac{9}{20}$ e) 7

2

Mit $4\frac{1}{4}$ l Saft können 34 Gläser gefüllt werden.

3

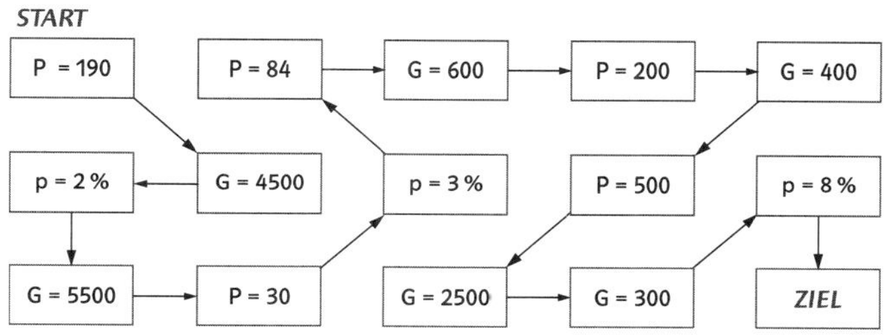

4

1119,75 €

5

a) 12,43 € b) 9,125 % c) 9125 €
d) 158 Tage e) 159,78 € f) 4 %

6

1529,82 €

Seite 69

1

Es gehört zusammen:

$3^3 = 27$ $11^2 = 121$ $16^1 = 16$
$10^4 = 10\,000$ $13^0 = 1$ $20^3 = 8000$
$2^6 = 64$ $5^3 = 125$ $7^2 = 49$

2

a) 729 b) 4096 c) 65 536 d) 4096
e) 13,824 f) 10,48576 g) 0,0016 h) 0,000 001

3

Die richtigen Exponenten sind

a) 2 b) 4 c) 0
d) 3 e) 5 f) 1

4

a) $2{,}89 = 1{,}7^2$ b) $0{,}064 = 0{,}4^3$ c) $625 = 5^4$
d) $0{,}008 = 0{,}2^3$ e) $\frac{9}{25} = \left(\frac{3}{5}\right)^2$ f) $\frac{8}{729} = \left(\frac{2}{9}\right)^3$

5

a) $4{,}0 \cdot 10^4$ b) $6{,}5 \cdot 10^7$
c) $6{,}34819 \cdot 10^8$ d) $1{,}399428533 \cdot 10^9$
e) $6{,}0 \cdot 10^{-6}$ f) $1{,}008 \cdot 10^{-3}$
g) $3{,}6646464 \cdot 10^3$ h) $8{,}2704 \cdot 10^2$

6

a) 11 000 000 | b) 42 700 000 000
c) 688 000 | d) 19 850 000
e) 3 500 000

7

a) Es wurden Basis und Hochzahl miteinander multipliziert.
Richtig: $4^3 = 64$
b) Es wurde nur mit 10^3 multipliziert.
Richtig: $3{,}5 \cdot 10^4 = 35\,000$
c) Es wurde das Komma in die falsche Richtung verschoben.
Richtig: 0,00001
d) Es wurde das Komma an die falsche Stelle gesetzt – um 2 Stellen nach rechts.
Richtig: $1{,}8^3 = 5{,}832$

8

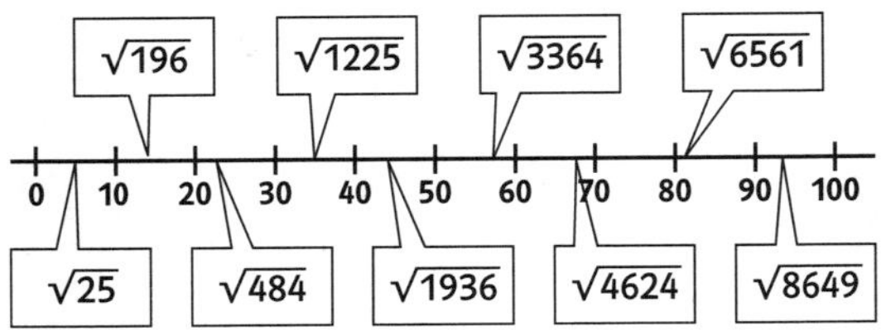

9

$\sqrt{50} \approx 7{,}071\,07$
$\sqrt{80} \approx 8{,}944\,27$
$\sqrt{400} = 20$
$\sqrt{3600} = 60$

10

a)	b)
2	4
0,632 45 ...	24
0,2	224
0,063 245 ...	2224

zu a): Wechselnde Zahlenreihen und Komma wandert jeweils nach links.
zu b): Die Basis wächst immer um 1 Stelle mit der gleichen Ziffer „2".

Seite 70

1

a) $8x$ b) $3x - 4$

2

a) $8x + 4y$ b) $4x + 4y$

3

a) $b \cdot c$ beschreibt die horizontalen (kurzen) Leisten.
b) $2ac + 2bc$
c) $0{,}6\,m^2$

4

a) $-x + 13$ b) $-6x - 4y$ c) $12a + 2b$
d) $6a - 6b$ e) $20x - 6y$

5

a) $24ab$ b) $4r^2$ c) $-15x^3y^3$
d) $25a^2$ e) $6a^2 + 22ab + 20b^2$

6

a) −15 b) 424 c) −347 d) −159

7

a) $(3x + 4y) \cdot \left(\frac{1}{2}x - \frac{1}{3}y\right)$ b) $\left(x + \frac{1}{3}y\right) \cdot \frac{5x}{2y}$

Seite 71

1

a) I) $y = x + 1$; II) $y = -x + 5$
b)

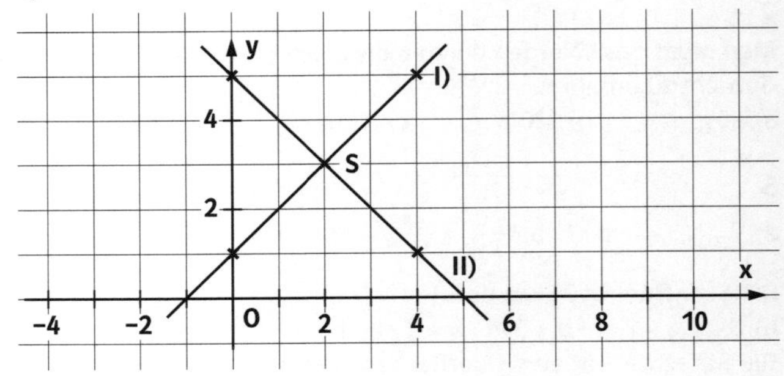

c) S(2|3); $x = 2$; $y = 3$
d) in I): $2 + 1 = 3$; in II): $-2 + 5 = 3$

2

a) I) $4y = x - 4$; II) $4y = -x + 20$
b) $x - 4 = -x + 20$
c) $2x = 24$; $x = 12$
d) in I): $4y = 12 - 4$; $y = 2$

3

a) I) $20x + 24y = 188$
II) $18x - 24y = 78$
$38x = 266 \;|\; : 38$
$x = 7$
b) in I): $10 \cdot 7 + 12y = 94$
$12y = 24 \;|\; : 12$
$y = 2$

4

a) II) $y = 3x + 12$
I) $2x + 5(3x + 12) = 9$
$2x + 15x + 60 = 9$; $17x = -51$; $x = -3$
b) in II): $y - 3 \cdot (-3) = 12$; $y + 9 = 12$; $y = 3$

5

II) umformen: $x = 3y$
II) in I) einsetzen: $11 \cdot 3y + 5y = 38$
Lösen: $y = 1$; $x = 3$

Seite 66

1

a) $f(x) = 1{,}3 \cdot x$ b) $f(x) = 0{,}3 \cdot x + 3{,}5$

2
zu a): Steigung a = 2; $f(x) = 2x$
zu b): Steigung a = 0,2; $f(x) = 0{,}2 \cdot x$

3
zu g_1: $f(x) = x + 0{,}5$
zu g_2: $f(x) = -0{,}5x - 1$
zu g_3: $f(x) = -2x + 2$

4
$k(x) = 0{,}1x^2$ zu a)
$g(x) = -2x^2$ zu b)
$h(x) = 0{,}3x^2$ zu c)
$f(x) = 0{,}6x^2$ zu d)

5

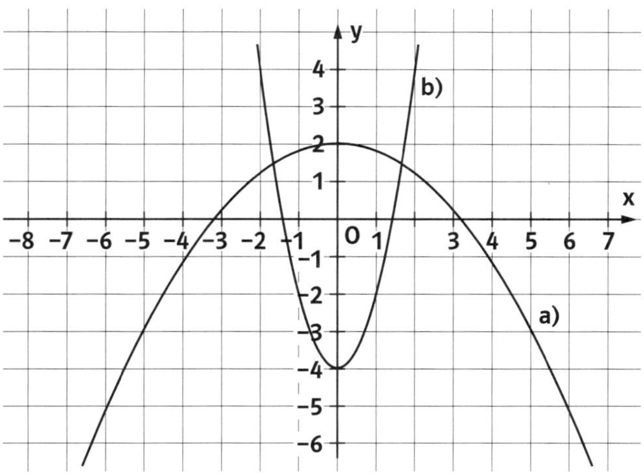

Nullstellen zu
a) $0 = -0{,}2x^2 + 2$; $x_{1,2} \approx \pm 3{,}16$
b) $0 = 2x^2 - 4$; $x_{1,2} \approx \pm 1{,}41$

Seite 73

1
a) $q_u = 6$; $q_o = 12$; Quartilabstand: 6; größte Dichte zwischen 6 € und 12 €; w = 30 €; insgesamt: 960 €
b)

Rang	1	2	3	4	5	6	7	8	9	10
Geldbetrag in €	0	0	6	6	7,20	7,20	7,80	7,80	9,10	9,10

Rang	11	12	13	14	15	16	17	18	19	20
Geldbetrag in €	10,40	10,40	14	14	14	14	14	14	16,80	18

Rang	21	22	23	24	25
Geldbetrag in €	18	22,5	22,5	30	45

Summe Klasse: 337,80 €
Summe 10. Jahrgang: 1351,20 €. Es reicht jetzt aus.

2
a)

	Jugendliche	Erwachsene
min	0	1
q_u	3	5
arithmetisches Mittel	8,6	11,5
z	6	10
q_o	15	20
max	25	30
Spannweite	25	29

b)

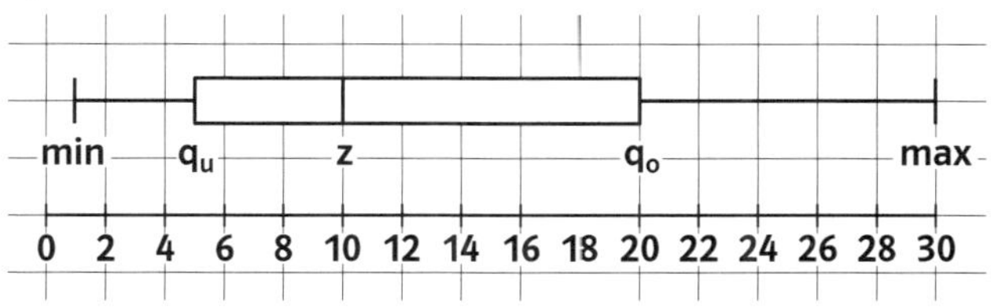

Die Jugendlichen telefonieren im Schnitt weniger als die Erwachsenen. Die Telefonzeiten für die Jugendlichen liegen dabei mehr im unteren Bereich.
Die zentrale Hälfte bei den Erwachsenen ist größer, d. h. 50 % der Erwachsenen telefonieren zwischen 5 und 20 Minuten, während 50 % der Jugendlichen zwischen 3 und 15 Minuten.

Seite 74

1
a) (KK), (KS), (SK), (SS) – 4 Ergebnisse
b) Das Ereignis: Beide Reißnägel haben dieselbe Lage – KK oder SS.
c) Bei 200 Würfen ist zu erwarten, dass bei 175 Würfen mindestens eine Reißzwecke auf dem Kopf landet, bei 85 Würfen beide.

2
a) $\frac{6}{10} = 60\,\%$ b) $\frac{4}{10} = 40\,\%$ c) $\frac{4}{10} = 40\,\%$ d) $\frac{8}{10} = 80\,\%$
e) Es wird ein „o“ gezogen bzw. es wird ein „a“ oder „e“ gezogen.

3
a) 4 günstige, 6 mögliche Ergebnisse. $\frac{4}{5} = \frac{2}{3}$
b) Zwei Felder weiter vom Haus entfernt.

4
a) Ohne Schaden: $\frac{272\,300}{878\,400} \approx 31\,\%$

Schwache Schäden: ca. 44 %
Deutliche Schäden: 25 %
b) Ja, als Wahrscheinlichkeit, dass ein zufällig ausgewählter Baum ohne Schaden, schwach geschädigt oder deutlich geschädigt ist.

5

a) Bei den Männern ($\frac{65}{100}$ = 65 %) wirkt das Medikament besser als bei den Frauen ($\frac{77}{140}$ = 55 %)

b)

	Medikament wirkt im Test	Medikament wirkt nicht im Test	Summe
Frauen	220	180	400
Männer	260	140	400
Summe	480	320	800

Seite 75

1

Körper aus zwei Prismen:
Prisma P_Q mit quadratischer Grundfläche.
Prisma P_T mit Trapez-Grundfläche.
Volumen $P_Q = 4 \cdot 4 \cdot 12 = 192\,cm^3$
Volumen $P_T = (2 + 4) : 2 \cdot (7 - 4) \cdot 12 = 108\,cm^3$
Das Gesamtvolumen beträgt $300\,cm^3$.

2

a) in $3 \cdot x \cdot x$ einsetzen: $3 \cdot 0{,}8 \cdot 0{,}8 = 1{,}92\,cm^2$
$3 \cdot 1{,}92 = 5{,}76\,cm^2$
$10\,000 \cdot 5{,}76 = 57\,600\,cm^2 = 5{,}76\,m^2$

b) Fehlende Dreiecks-Höhe berechnen:
$h = \sqrt{0{,}8^2 - (0{,}5 \cdot 0{,}8)^2} = 0{,}69$
$0{,}8 \cdot 0{,}69 : 2 = 0{,}276\,cm^2$ (Flächeninhalt Dreieck)
$10\,000 \cdot 0{,}276\,cm^2 = 0{,}276\,m^2$

c) Nein, denn wenn x verdoppelt wird, vervierfacht sich die Fläche.

3

Vorderseite: ca. $10\,497\,cm^2$
Vorder- und Rückseite: ca. $2{,}1\,m^2$

Seite 76

1

a) Beispiel
b) Richtig! Entspricht dem 1. Strahlensatz
c) Richtig! Entspricht dem 2. Strahlensatz
d) Falsch!
e) Falsch!
f) Richtig! Entspricht c), wenn die Gleichung durch e und h dividiert wird.

2

a) Falsch!
b) Richtig!
c) Falsch!
d) Falsch!
e) Richtig! Man kann mit dem 2. Strahlensatz die Entfernung zwischen Sonne und Erde berechnen, davon muss dann die Entfernung zwischen Erde und Mond abgezogen werden.

Seite 77

1

a) 25 % Geschäftskosten; 40 % Gewinn

b)

	A	B	C
1	**Preiskalkulation**		
2	Einkaufspreis		74
3	Geschäftskosten	0,25	=C2*B3
4			
5	Selbstkosten		=SUMME(C2+C3)
6	Gewinn	0,4	=C5*B6
7			
8	Nettoverkaufspreis o. MwSt		=SUMME(C5+C6)
9	Mehrwertsteuer	0,19	=C8*B9
10			
11	Bruttoverkaufspreis inkl. MwSt		=SUMME(C8+C9)

c)

Einkaufspreis	39,00 €	51,00 €	114,00 €
Bruttoverkaufspreis	81,22 €	106,21 €	237,41 €

d) Beispiele für Lösungen:
Geschäftskosten:
höhere Prozentsätze: Bruttoverkaufspreis steigt
niedrigere Prozentsätze: Bruttoverkaufspreis sinkt
Gewinn:
Wenn der Gewinn steigen soll, muss auch der Bruttoverkaufspreis steigen. Für einen geringeren Bruttoverkaufspreis, muss der Prozentsatz beim Gewinn fallen.
Mehrwertsteuer:
Ein höherer Mehrwertsteuersatz führt zu einem höheren Bruttoverkaufspreis. Sinkt dagegen der Mehrwertsteuersatz, fällt auch der Bruttoverkaufspreis.

e)

Einkaufspreis	39,00 €	51,00 €	114,00 €
Bruttoverkaufspreis	69,62 €	91,04 €	203,49 €

2

a)

	A	B	C	D	E	F
1						
2						
3	**Jahr**	**Kapital**	**Zinssatz**	**Zinsen**	**Endguthaben**	
4						
5	2012	500,00 €	0,035	17,50 €	517,50 €	
6	2013	517,50 €	0,035	18,11 €	535,61 €	
7	2014	535,61 €	0,035	18,75 €	554,36 €	
8	2015	554,36 €	0,035	19,40 €	573,76 €	
9	2016	573,76 €	0,035	20,08 €	593,84 €	
10	2017	593,84 €	0,035	20,78 €	614,63 €	
11	2018	614,63 €	0,035	21,51 €	636,14 €	
12	2019	636,14 €	0,035	22,26 €	658,40 €	

b)

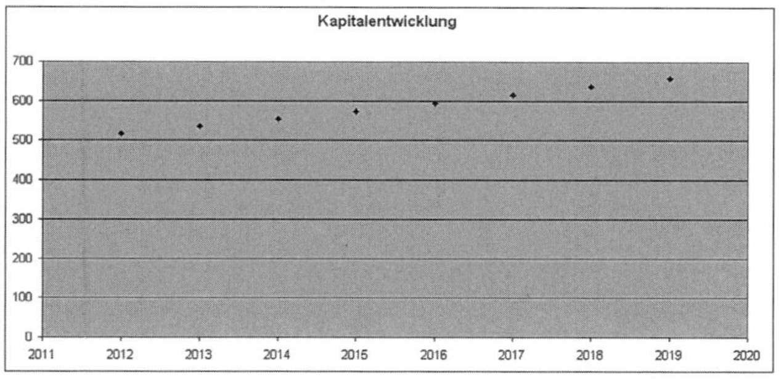

Seite 78

1

b)

- gegenüberliegende Kanten müssen parallel sein
- Die beiden noch verbleibenden Eckpunkte G und H lassen sich über die Schnittpunkte der Parallelen zu f und d bzw. b und e konstruieren. Somit bleibt auch die für die Schrägbilddarstellung notwendige Verzerrung um den Faktor 0,5 für die Tiefen f' und e' erhalten.

c) Lerntipp: Mit der DGS die Länge der Strecke AF anzeigen lassen (hier: 2,83 Längeneinheiten bzw. 2,83 LE). Unter Berücksichtigung des Zerrfaktors 0,5 beträgt die tatsächliche Länge AF = 5,66 LE.

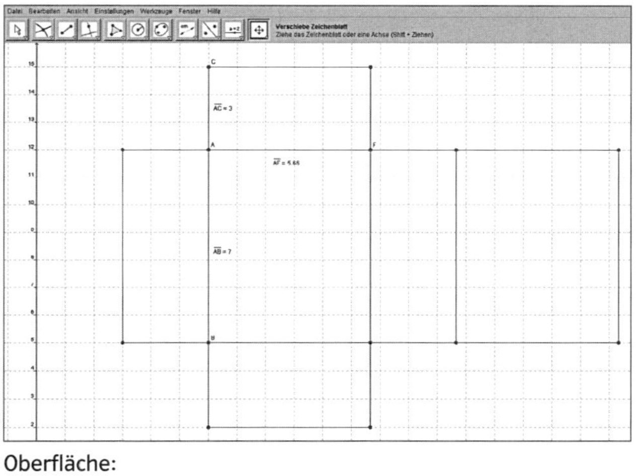

Oberfläche:
$= 2 \cdot (7\,\text{LE} \cdot 3\,\text{LE}) + 2 \cdot (7\,\text{LE} \cdot 5{,}66\,\text{LE}) + 2 \cdot (5{,}66\,\text{LE} \cdot 3\,\text{LE})$
$= 42\,\text{LE} + 79{,}24\,\text{LE} + 33{,}96\,\text{LE} = 155{,}2\,\text{LE}$

2

b) Umkreis

c) $r_{\text{Umkreis}} = 2{,}7\,\text{LE}$; $A_{\text{Umkreis}} = \pi \cdot r^2 \approx 22{,}9$ Flächeneinheiten

d) Mögliche Lösungen: Der Umkreismittelpunkt M kann sowohl innerhalb als auch außerhalb des Dreiecks ABC liegen, aber auch auf einer der Dreiecksseiten:

- Umkreismittelpunkt liegt auf einer Dreiecksseite: Wenn das Dreieck einen rechten Winkel hat ⟶ Mittelsenkrechte halbiert die Grundseite; die dritte Ecke des Dreiecks liegt auf dem Umkreis
- Umkreismittelpunkt liegt innerhalb des Dreiecks: Wenn alle Innenwinkel des Dreiecks Spitze Winkel sind.
- Umkreismittelpunkt außerhalb des Dreiecks: Sobald ein Innenwinkel des Dreiecks ein stumpfer Winkel ist.

e) Konstruktion des Inkreismittelpunktes über den Schnittpunkt der Winkelhalbierenden. Vom Schnittpunkt fällt man das Lot auf eine Dreiecksseite. Diese Länge ist gleich dem Inkreisradius.

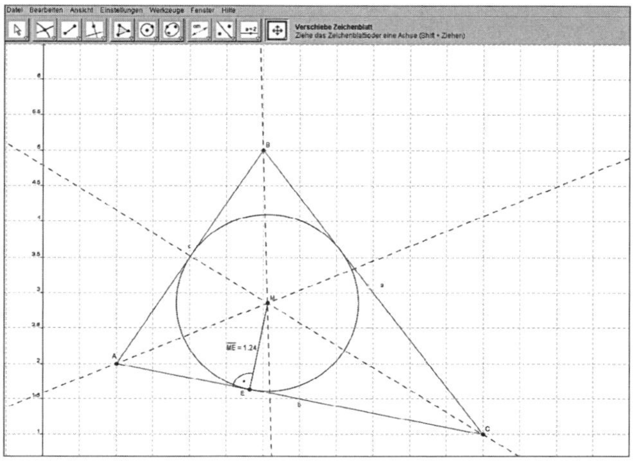

f) $r_{\text{Inkreis}} = 1{,}24\,\text{LE}$; $A_{\text{Inkreis}} = \pi \cdot r^2 \approx 4{,}83$ Flächeneinheiten

Seite 79/80 Fit für den Abschluss

1

a) Sie zahlen zusammen 5 €.

b) Die Familie zahlt 10 € und spart dabei gegenüber den Einzelpreisen 5 €.

c) Die Klasse zahlt 36 € als Gruppe, sonst wären es 60 € gewesen, nämlich 1 € pro Person mehr bzw. insgesamt 24 € mehr.

2

a) Das Schaubild gibt an, wie viel ein Urlauber im Jahr 2003 durchschnittlich an einem Tag im betreffenden Land ausgegeben hat.

b) Im Durchschnitt kostet ein Urlaubstag ca. 80,69 €.

3

a)

Erdbeeren (g)	100	200	250	500	750	1000
Preis (€)	0,50	1,00	1,25	2,50	3,75	5,00

b)

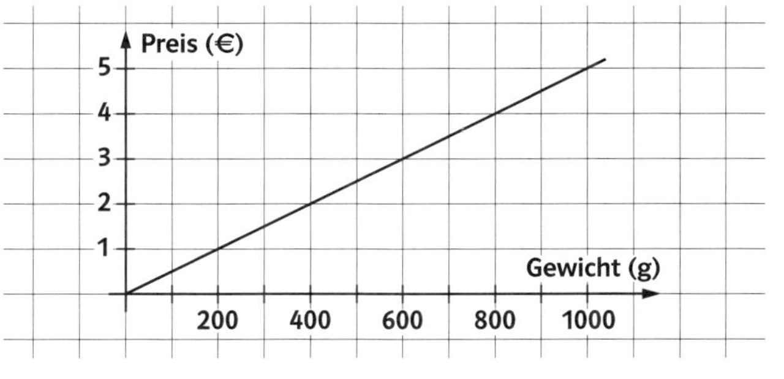

4

Graph C

5

① $\frac{1}{4} = 25\,\%$ ② $\frac{2}{5} = 40\,\%$

③ $\frac{4}{8} = 50\,\%$ ④ $\frac{2}{6} = 33{,}\overline{3}\,\%$

6

Pullover 34,65 €; Jacke 71,97 €; Hose 82,00 €; Rock – 60 %

7

a) $A = 72\,cm^2$
b) Die Seitenlängen betragen 9 cm und 8 cm.

8

a) Volumen der Packung $66{,}3\,cm^3$; Volumen der Schokolade rund $50\,cm^3$ ($\approx 49{,}7\,cm^3$)
b) $O = 160{,}8\,cm^2$; benötigtes Verpackungsmaterial: $168{,}84\,cm^2$

9

a) $(b + 2y) \cdot (l + 2y) - bl = 2by + 2ly + 4y^2$
b) Wegfläche: $179\,m^2$

10

a) 2 b) 1 c) 3 d) 4

11

Der Flächeninhalt lässt sich auf verschiedene Weisen bestimmen. Fehmarn hat einen Flächeninhalt von ungefähr $185\,km^2$.

12

a) $V = 2\frac{4}{3}\pi r^3$ b) $V = 2\frac{4}{3}\pi r^3$ c) $V = 2\frac{5}{3}\pi r^3$

13

xg 333er-Gold und yg 750er-Gold:
$x + y = 20$
$x \cdot \frac{333}{1000} + y \cdot \frac{750}{1000} = 20 \cdot \frac{585}{1000}$
Es werden ca. 7,9 g 333er-Gold und ca. 12,1 g 750er-Gold benötigt.

14

$h \approx 15{,}6\,m$

15

Der Pudding enthält um 13.00 Uhr 122 880 Salmonellen.

16

a) $5a - 4b + 9$; $40x^4y^2$; $-m^2 + n^2 + 2mn$
b) $24 - 2a - 15a^2$; $12{,}5 + 10x + 2x^2$; $36y^2 - 0{,}09$

17

① B; ② C; ③ A

18

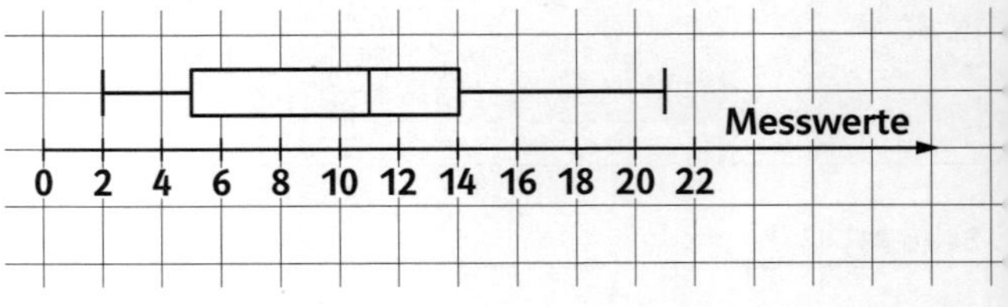

19

a) K = 600 € b) p = 5 % c) 36 Tage

20

a) Axi: $y = 1{,}9x$; Blitz-Taxi: $y = 2{,}2 + 1{,}7x$
b) Axi ist günstiger, wenn man weniger als 11 km Fahrtweg hat, Blitz-Taxi ist günstiger, wenn der Fahrtweg mehr als 11 km beträgt.

21

a) $2\,m + 8 \cdot 0{,}9\,m = 9{,}20\,m$ b) $y = 2 + 0{,}9 \cdot x$
c)

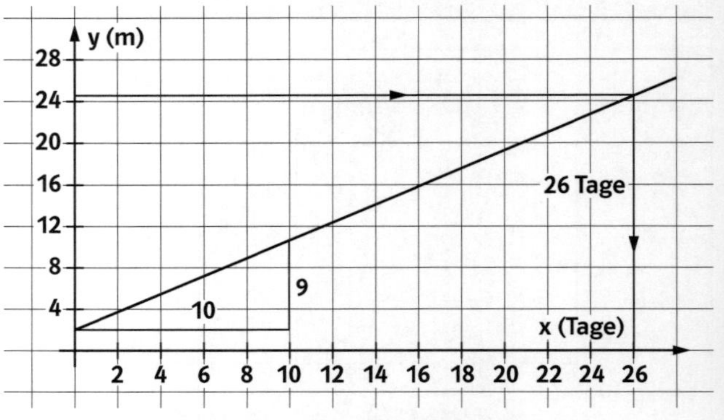

Nach 26 Tagen ist die Pflanze größer als 25,40 m.

Beilage zum Arbeitsheft mathe live 10E
978-3-12-720364-6

www.klett.de

Zeichnungen und Illustrationen: Rudolf Hungreder, Leinfelden; Rudi Warttmann, Nürtingen
Satz: topset Computersatz, Nürtingen

Beim Spiel *Mensch ärgere Dich nicht* geht es darum, die vier eigenen Spielfiguren von den Startfeldern auf die Zielfelder zu ziehen. Dazu müssen die Figuren das Spielbrett einmal umrunden. Über die Anzahl der zu ziehenden Felder pro Runde entscheidet ein Würfel. Es wird reihum gewürfelt und gesetzt.

1 a) [●] Starten darfst du, sobald du eine 6 würfelst. Du hast maximal drei Würfe.
Wie groß ist die Wahrscheinlichkeit, dass dir das gelingt?

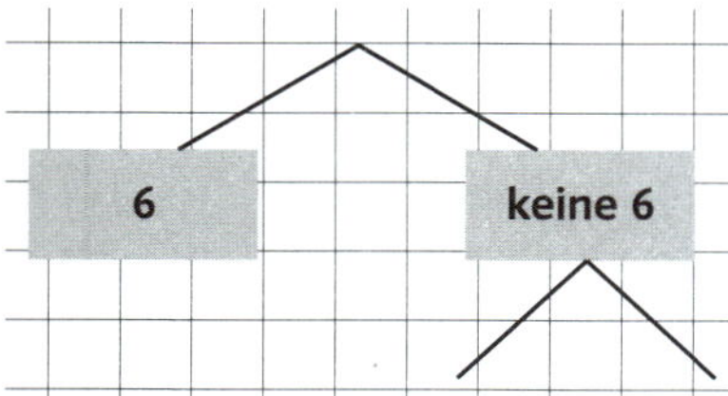

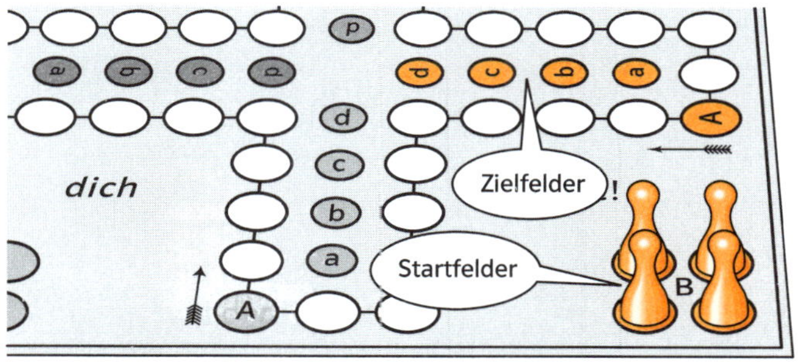

Tipp
Erstelle ein **Teil-Baumdiagramm**. D.h.: Zeichne nur die Äste zu den Ergebnissen, die für die Aufgabe wichtig sind.

....

....

b) Falls mitten im Spiel alle deine Figuren wieder auf den Startfeldern stehen, hast du erneut drei Versuche eine 6 zu würfeln. Gelingt dir das, hast du einen weiteren Wurf.
Wie groß ist die Wahrscheinlichkeit, dass du mit den orangen Steinen einen der grauen Steine beim nächsten Durchgang „rausschmeißen“ kannst? Erstelle ein übersichtliches Baumdiagramm.

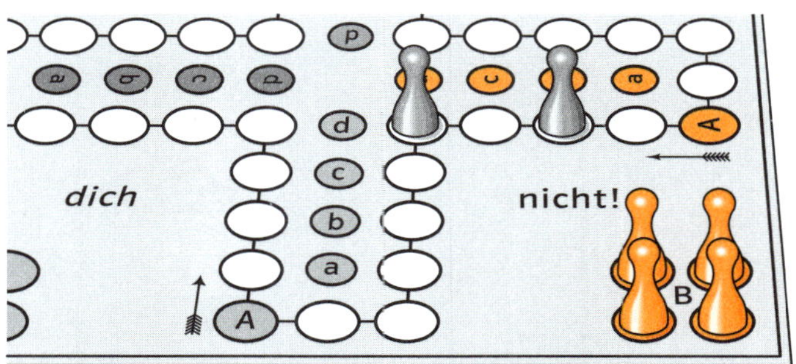

....

....

....

....

....

....

....

2 a) Auch im Spiel darf man nach einer 6 erneut würfeln. Wie groß ist die Wahrscheinlichkeit, dass Luca mit der orangen Figur im nächsten Durchgang eine der vier Figuren schlagen kann?

b) [●] Zeichne die vier gegnerischen Figuren in der Abbildung rechts so ein, dass Luca im nächsten Durchgang eine Chance von 50 % hat.

3 a) Luca befindet sich kurz vor dem Ziel. Wie groß ist die Wahrscheinlichkeit, dass er mit höchstens zwei Würfen eines der Zielfelder erreicht?

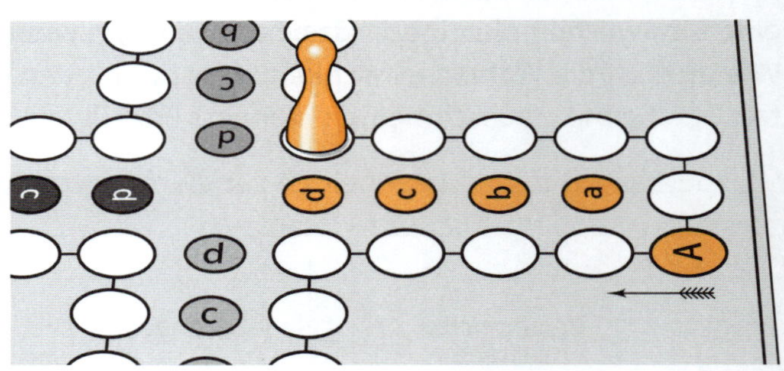

b) Wie groß ist die Wahrscheinlichkeit in diesem Fall?

Ein wichtiges Anwendungsgebiet von Vierfeldertafeln stellen diagnostische Tests im Bereich der Medizin dar. Hierbei werden die positiven und negativen Resultate des Tests den entsprechenden tatsächlichen Resultaten gegenübergestellt. Leider sind solche Tests nie ganz sicher.

Im Rahmen der Überprüfung eines neuen Tests hatten 22 Personen einen positiven Test und waren, wie sich später herausstellte, tatsächlich krank. 418 Personen hatten zwar einen positiven Test, waren aber tatsächlich gesund.
10 Personen hatten zwar einen negativen Test, waren aber tatsächlich krank. 7043 Personen hatten einen negativen Test und waren auch tatsächlich gesund.

	krank	gesund	Summe
Test positiv	22	418	440
Test negativ	10	7043	7053
Summe	32	7461	7493

Der Zusammenhang ist in einer Vierfeldertafel dargestellt.

1 Vervollständige die Vierfeldertafel mit den prozentualen Anteilen.

	krank	gesund	Summe
Test positiv		5,6 %	
Test negativ			
Summe		99,6 %	100 %

2 Zwei Zahlen sind übliche Kennzeichen für die Güte von Tests. Die *Sensitivität* ist der Anteil der positiven Tests unter den Kranken. Die *Spezifität* ist der Anteil der negativen Tests unter den Gesunden.

a) Wie groß sind in diesem Fall die Sensitivität .... und die Spezifität .... ?

b) Was ist deiner Meinung nach bei solchen Tests wichtiger? Eine hohe Spezifität oder eine hohe Sensitivität? ....

....

3 Beschrifte die Äste der beiden zur Vierfeldertafel aus Aufgabe 1 gehörenden Baumdiagramme mit den zugehörigen Wahrscheinlichkeiten.

Baumdiagramm 1:

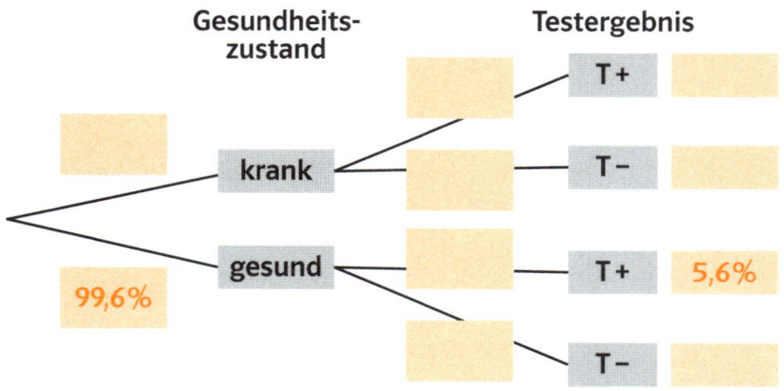

Baumdiagramm 2:

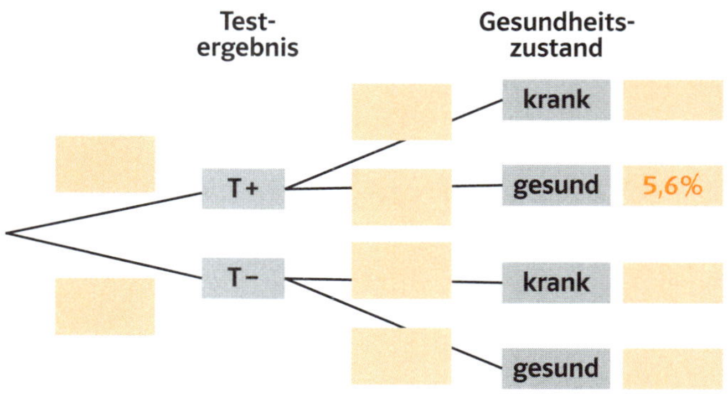

4 In einem Zeitungsartikel steht, dass bei diesem Test nur 5 % aller Test-Positiven tatsächlich krank sind, aber 68,8 % aller Kranken einen positiven Test haben. Beurteile diese Aussagen.

....

....

....

Lernrückblick

Überlege mithilfe des Lernrückblicks, ob du alles verstanden hast.

1 a) Ich kenne mich aus mit dem Thema Zufall, denn ich weiß ....

....

....

....

....

....

b) Beispiele dazu sind

2 Darauf achte ich,

a) wenn ich die Wahrscheinlichkeit eines zweistufigen Ereignisses berechne: ....

....

....

....

b) wenn ich die Wahrscheinlichkeit für ein Ereignis berechne, das sich aus mehreren Ergebnissen zusammensetzt: ....

....

....

3 Entscheide dich.

☐ Ich fühle mich fit im Bereich „Zufall“ und mache den Test auf der nächsten Seite.

☐ Bevor ich den Test mache, übe ich erst noch Folgendes: ....

....

 ▻ Schülerbuch, Seite 91 bis 106

Von den rund 223 500 Schülerinnen und Schülern, die im Sommer 2008 aus den allgemeinbildenden Schulen in NRW entlassen wurden, machten etwa 29,2 % das Abitur. Von diesen waren etwa 56,1 % weiblich. Der Anteil der Schülerinnen bei den anderen Abschlüssen oder ohne Abschluss war etwa 47,5 %.

[mittel]

1 a) Vervollständige das zum Artikel gehörige Baumdiagramm.

b) Aus der Information des Statistischen Bundesamtes soll ein Zeitungsartikel erstellt werden. Finde eine passende Überschrift für den Artikel.

....

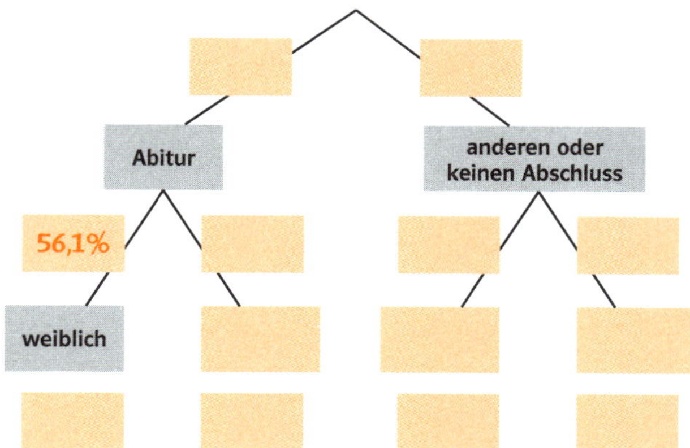

c) Wie groß ist die Gesamtzahl der Schülerinnen und Schüler, die 2008 ihr Abitur machten? Notiere deine Rechnung.

....

2 a) Beurteile, ob die folgenden Aussagen stimmen. Kreuze an.

	stimmt	stimmt nicht
a) Weniger als ein Drittel der Schülerinnen und Schüler haben im Schuljahr 2008 das Abitur gemacht.		
b) Mehr als drei Viertel der Schülerinnen und Schüler haben im Schuljahr 2008 einen anderen Abschluss als das Abitur oder keinen Abschluss gemacht.		
c) Etwa 28 600 Schülerinnen haben im Schuljahr 2008 Abitur gemacht.		
d) Im Schuljahr 2008 haben mehr Mädchen als Jungen Abitur gemacht.		

3 In einem anderen Zeitungsartikel zum selben Thema steht:
„Der Anteil der Mädchen bei den Schulabgängerinnen und Schulabgängern lag im Schuljahr 2008 bei 50 %."
Nimm Stellung zu dieser Aussage.

....

....

....

[schwieriger]

1 a) Vervollständige das zum Artikel gehörige Baumdiagramm.

b) Wie viele Schülerinnen und Schüler machten einen anderen Abschluss als Abitur oder keinen Abschluss? Notiere deine Rechnung.

....

c) Wie viele Schülerinnen mit Abitur gab es im Jahrgang 2008? Notiere deine Rechnung.

....

2 a) Erstelle das „umgekehrte Baumdiagramm":

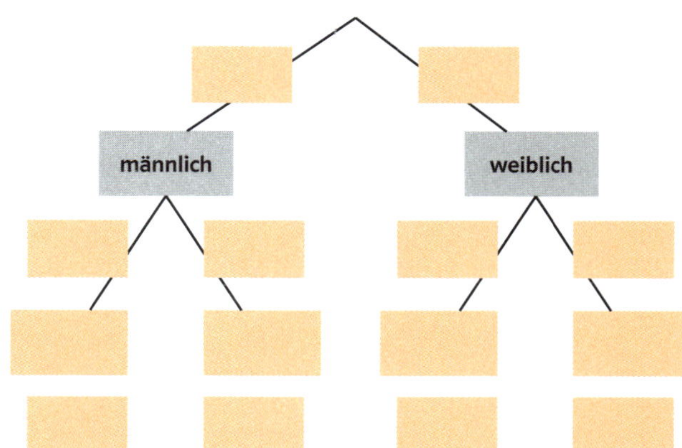

3 In einem anderen Zeitungsartikel zum selben Thema steht:
„Fast drei Viertel der Jungen machten im Schuljahr 2008 einen anderen Abschluss als Abitur beziehungsweise keinen Abschluss."
Nimm Stellung zu dieser Aussage.

....

....

....

In einem Tischtennis-Verein wird ein Turnier ausgetragen. Folgende Spieler nehmen teil:

1. Alexander
2. Luca
3. Hendrik
4. Julian
5. Philip
6. Georgios

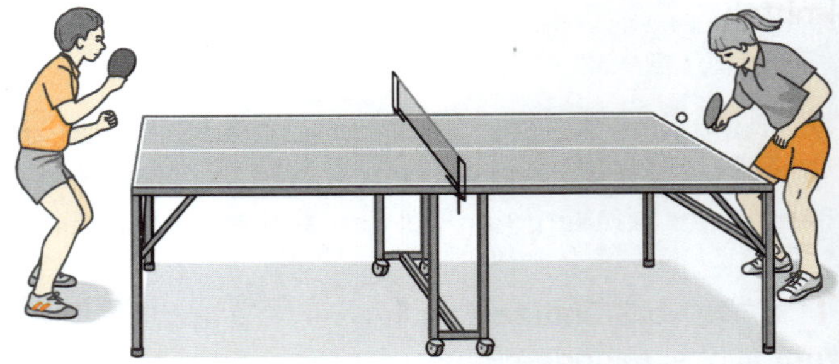

1 Es soll Jeder gegen Jeden spielen und es soll eine Hin- und eine Rückrunde geben. Wie viele Spiele finden dann insgesamt statt? Kreuze die richtige Lösung an und erläutere deine Überlegungen.

30 | 12 | 25 | 36 | 10

Erläuterung:

....

....

....

2 Luca gewinnt gegen Philip bei beiden Spielen mit einer Wahrscheinlichkeit von 70 %.

a) Was bedeutet die Aussage, dass Luca seine Spiele mit einer Wahrscheinlichkeit von 70 % gewinnt? Beurteile, ob die folgenden Aussagen stimmen. Kreuze an.

Das bedeutet, dass Luca in vielen Spielen …	stimmt	stimmt nicht
durchschnittlich etwa 7 von 10 Spielen gewinnt.		
genau 7 von 10 Spielen gewinnt.		
mindestens 70 von 100 Spielen gewinnt.		
genau 70 von 100 Spielen gewinnt.		

b) Trage in die Kästchen die Wahrscheinlichkeiten für die Äste bzw. Pfade ein.

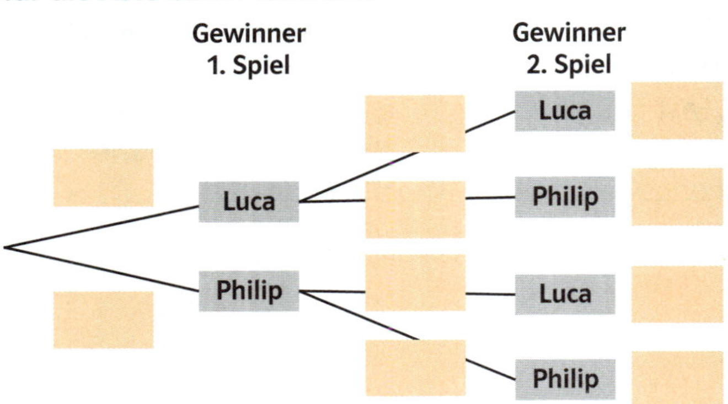

c) Wie groß ist die Wahrscheinlichkeit, dass Luca beide Spiele gewinnt? Notiere deine Rechnung.

....

....

....

d) Mit welcher Wahrscheinlichkeit gewinnt Philip mindestens eines der Spiele? Notiere deine Rechnung.

....

....

....

e) Wie groß wäre die Wahrscheinlichkeit, dass Philip bei drei hintereinander ausgetragenen Spielen alle drei gewänne? Notiere deine Rechnung.

....

....

....

▻ Schülerbuch, Seite 91 bis 106

Ergebnisse der Waldschadenserhebung 2008 in Nordrhein-Westfalen
(in Klammern Vergleichsdaten aus 2007)

Baumart	Baumartenfläche nach Landeswald: Inventur in Hektar	Anteile der Schadstufen in %		
		0 ohne Schadensmerkmale	1 schwache Schäden	2 – 4 deutliche Schäden
Fichte	303 100	36 (31)	43 (46)	21 (23)
Kiefer	68 000	24 (35)	56 (53)	20 (13)
sonst. Nadelbäume	44 600	38 (32)	43 (44)	19 (23)
Summe Nadelbäume	415 700	34 (32)	45 (47)	21 (21)
Buche	144 600	29 (21)	46 (38)	25 (42)
Eiche	131 000	19 (22)	30 (35)	51 (43)
sonst. Laubbäume	187 100	32 (34)	50 (48)	18 (18)
Summe Laubbäume	462 700	27 (27)	44 (41)	29 (33)
Summe NRW	878 400	31 (29)	44 (44)	25 (27)

Der Kronenzustand hat sich 2008 insgesamt etwas gebessert. Sowohl bei den deutlichen Schäden als auch bei den ungeschädigten Bäumen ergibt sich eine Verbesserung von 2 Prozentpunkten. Ein Viertel der Waldbäume zeigt jedoch deutliche Schäden. Ungeschädigt sind lediglich 31 % der Bäume. (…) Buche und Fichte haben sich im Vergleich zum Vorjahr erfreulicherweise erholt. Der Kronenzustand der Kiefer ist etwas abgesunken. Die Eiche hat sich in diesem Jahr erneut verschlechtert: Mehr als die Hälfte der Eichen zeigen deutliche Schäden. Der Anteil der Bäume ohne Blattverlust liegt bei nur 19 % (…)

3 Weise die Richtigkeit der Aussagen des Textes mithilfe der Ergebnisse in der Tabelle nach. Formuliere einige weitere interessante Feststellungen.

....

....

....

....

....

....

....

4 Zu den Ergebnissen der Waldschadenserhebung wurde das folgende Baumdiagramm erstellt. Finde und erläutere die Fehler. Ergänze die fehlenden Informationen.

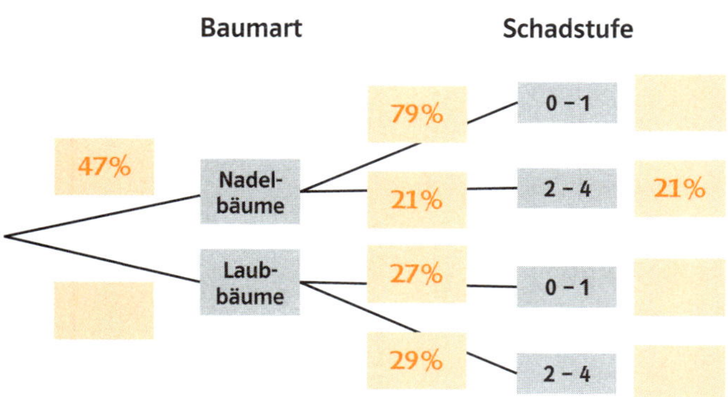

....

....

5 [●] Unterteilt man zunächst nach den Schadstufen und dann nach den Baumarten, ergibt sich folgendes Baumdiagramm. Ergänze die fehlenden Informationen.

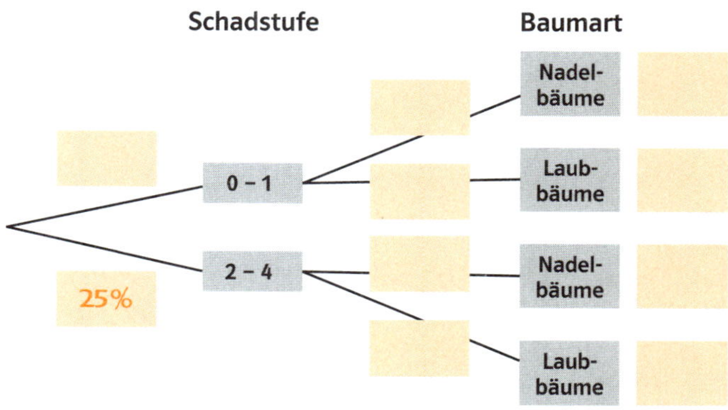

6 [●] Nimm Stellung zu folgenden Äußerungen.

a) 21 % der Nadelbäume weisen deutliche Schäden auf.

....

....

b) Der Anteil der Nadelbäume mit deutlichen Schäden an allen Bäumen liegt bei nur 10 %.

....

....

c) Etwa 40 % der Bäume mit deutlichen Schäden sind Nadelbäume.

....

....

1 Drücke den Sinus, Kosinus und den Tangens durch das entsprechende Seitenverhältnis aus.

a)

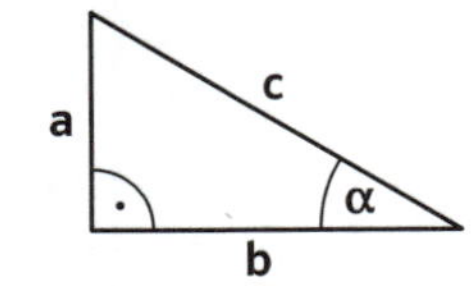

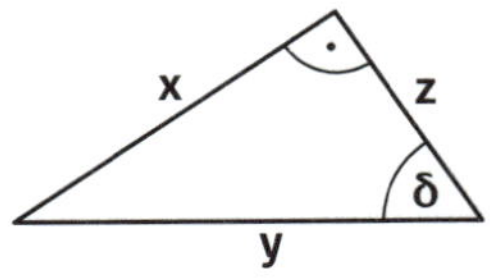

$\sin\alpha = \frac{\square}{\square}$ $\sin\delta = \frac{\square}{\square}$

b)

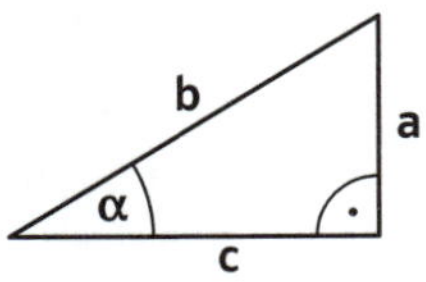

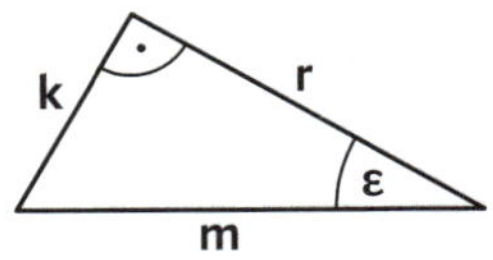

$\cos\alpha = \frac{\square}{\square}$ $\cos\varepsilon = \frac{\square}{\square}$

c)

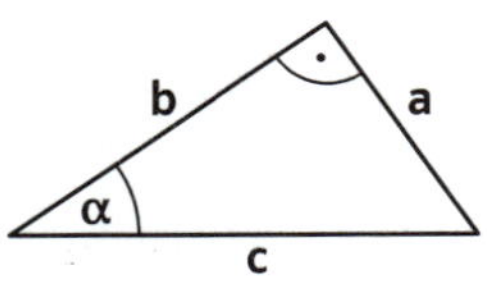

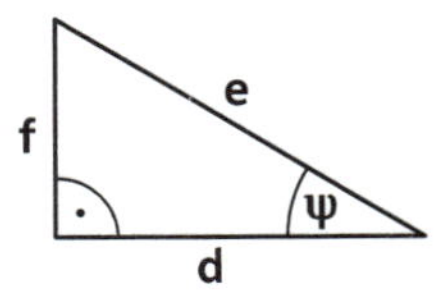

$\tan\alpha = \frac{\square}{\square}$ $\tan\psi = \frac{\square}{\square}$

2 Sind die Seitenverhältnisse von Sinus, Kosinus und Tangens richtig (r) oder falsch (f) ausgedrückt?

a)

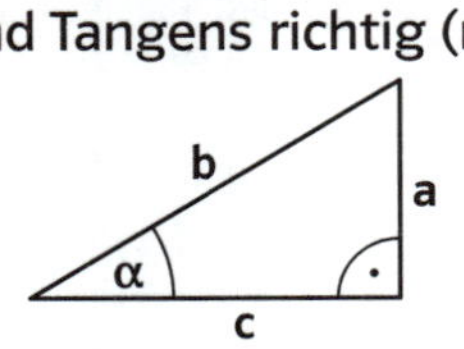

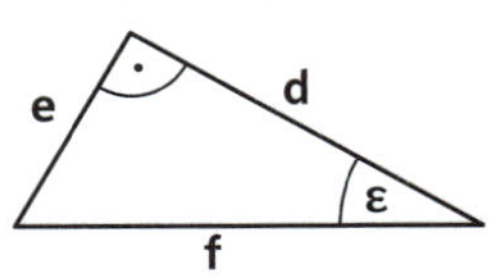

$\frac{a}{b} = \sin\alpha$ r ☐ f ☐ $\frac{d}{f} = \sin\varepsilon$ r ☐ f ☐

b)

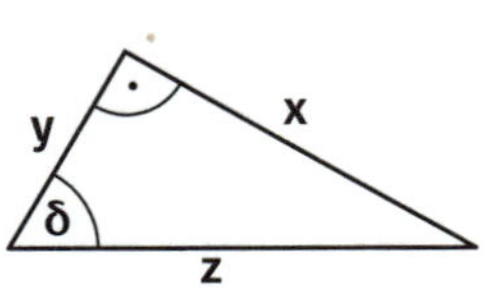

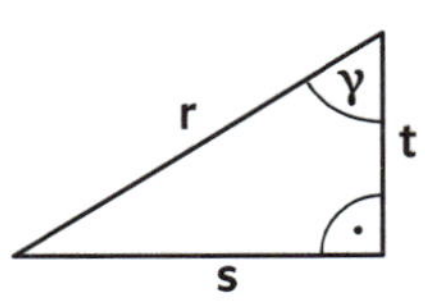

$\frac{y}{z} = \tan\delta$ r ☐ f ☐ $\frac{s}{t} = \tan\gamma$ r ☐ f ☐

c)

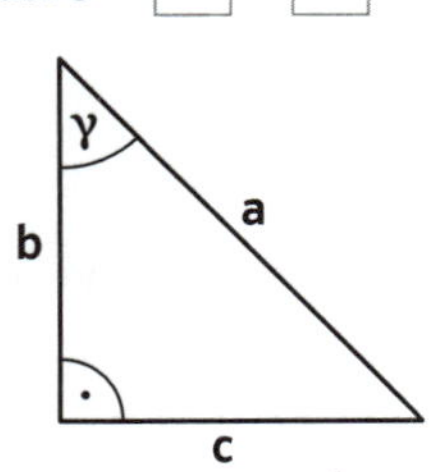

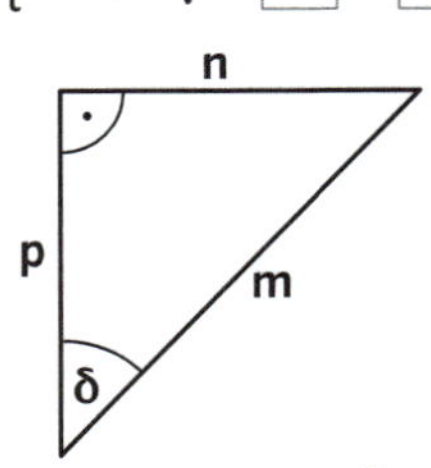

$\frac{c}{a} = \cos\gamma$ r ☐ f ☐ $\frac{n}{p} = \cos\delta$ r ☐ f ☐

3 Berechne die Seitenverhältnisse, runde auf drei Dezimalstellen und ermittle die zugehörigen Winkel mithilfe des Taschenrechners.

a) $\sin\alpha = \frac{4{,}5\,m}{5{,}2\,m}$

…………………………………

…………………………………

…………………………………

…………………………………

$\beta = 90° - \alpha =$ ……………

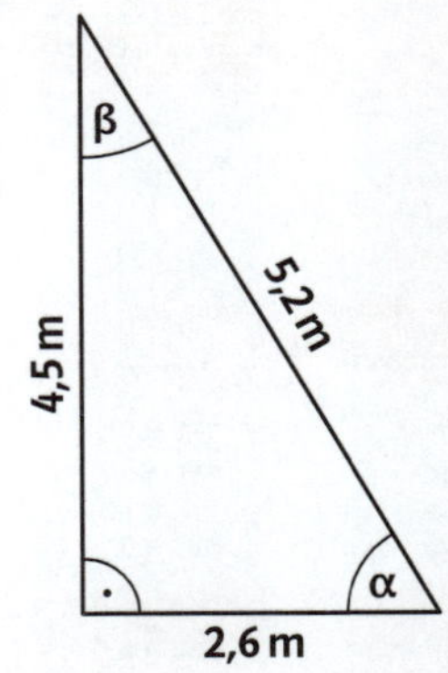

b) ……………………………

…………………………………

…………………………………

…………………………………

…………………………………

…………………………………

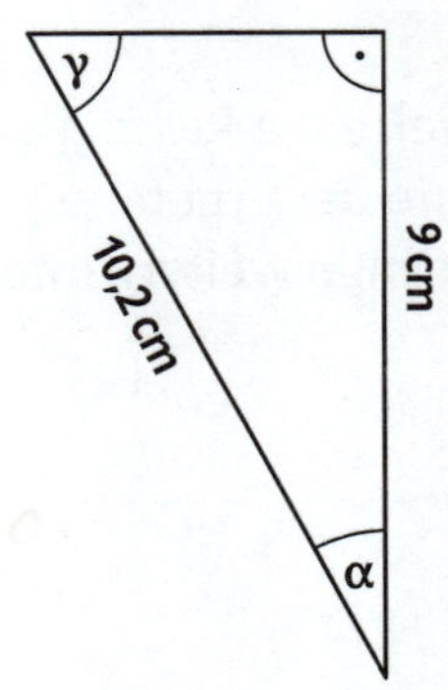

c) ……………………………

…………………………………

…………………………………

…………………………………

…………………………………

…………………………………

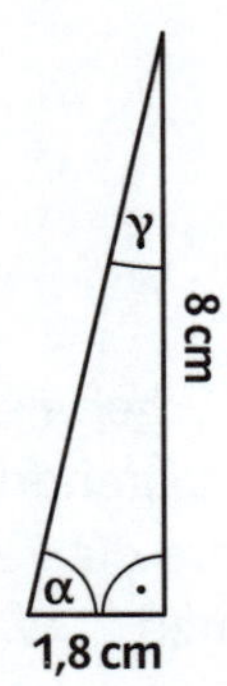

d) ……………………………

…………………………………

…………………………………

…………………………………

…………………………………

…………………………………

…………………………………

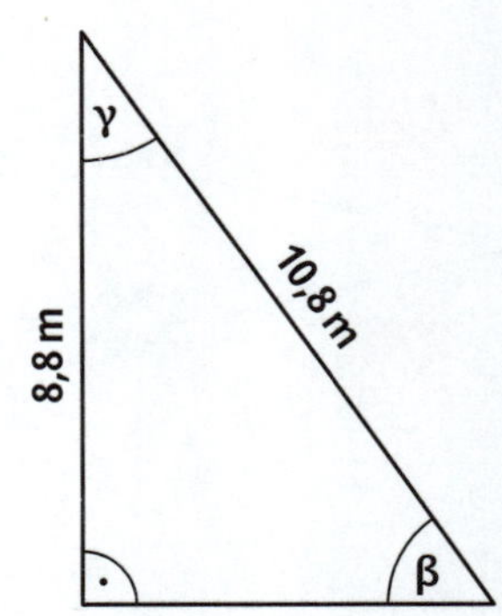

4 Bestimme mit dem Taschenrechner jeweils den Wert von $\sin\alpha$, $\cos\alpha$ und $\tan\alpha$.

α	15°	37°	63°	81°
$\sin\alpha$				
$\cos\alpha$				
$\tan\alpha$				

5 Bestimme mit dem Taschenrechner den zu dem angegebenen Wert gehörenden Winkel α.

a)

$\sin\alpha$	0,292 37	0,777 14	0,994 52
α			

b)

$\cos\alpha$	0,913 54	0,681 99	0,156 43
α			

c)

$\tan\alpha$	0,052 40	1,191 75	28,6362
α			

6 Berechne die unbekannten Seiten.

a) $\sin 65^\circ = \frac{7{,}4\,m}{a}$

$a = \frac{7{,}4\,m}{\sin 65^\circ} \approx$

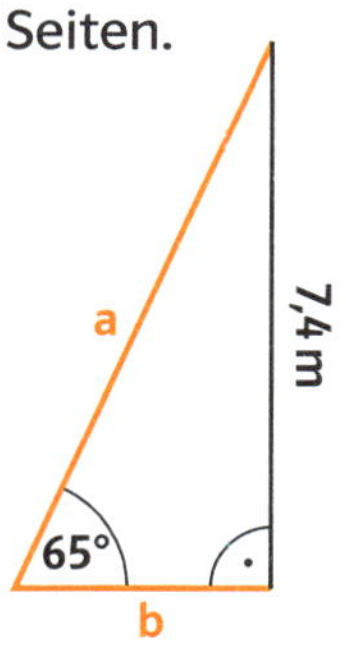

b)

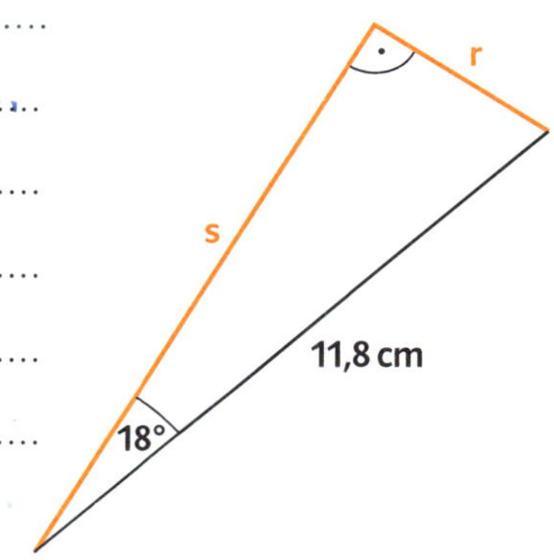

7 Berechne die unbekannten Seiten und Winkel.

a)

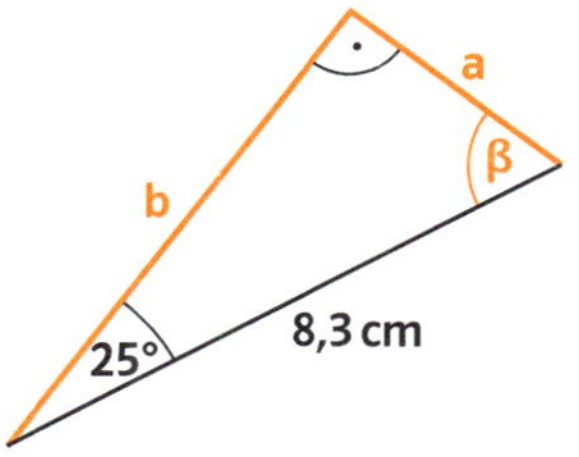

b)

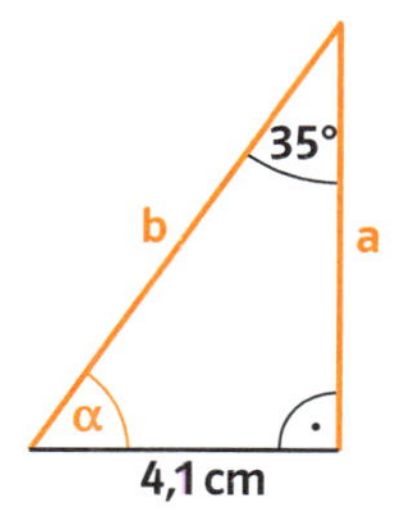

c)

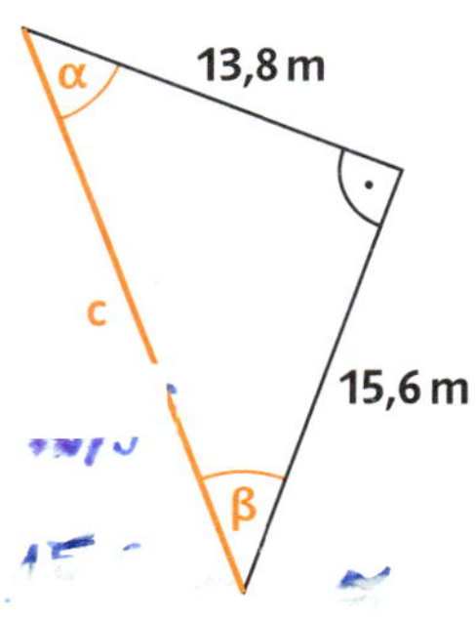

d)

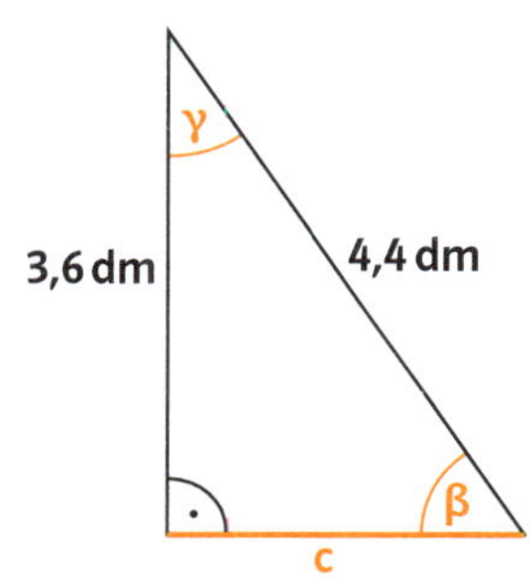

Berechnungen in rechtwinkligen Dreiecken

1 Berechne die Höhe h und die Seiten d = b in diesem Trapez.

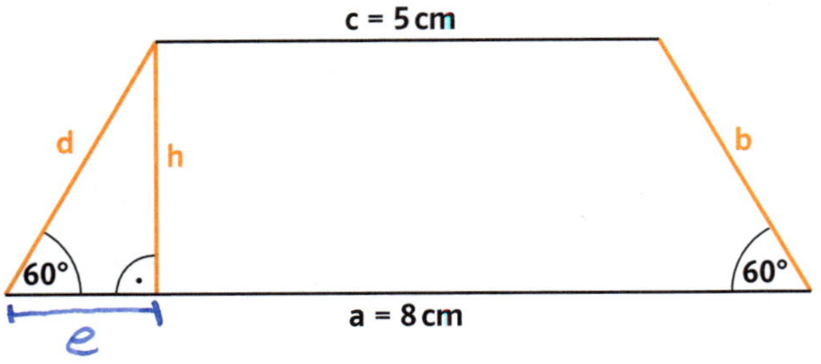

2 Wie lang ist die Kreissehne s? Korrigiere die Fehler im Rechenweg.

$78^\circ : 2 = 39^\circ$

$\sin 39^\circ = \frac{\frac{1}{2} \cdot s}{8}$

$\frac{1}{2} \cdot s = \frac{8}{\sin 39^\circ}$

$\frac{1}{2} \cdot s \approx 12{,}71 \quad | \cdot 2$

$s \approx 25{,}42\,\text{cm}$

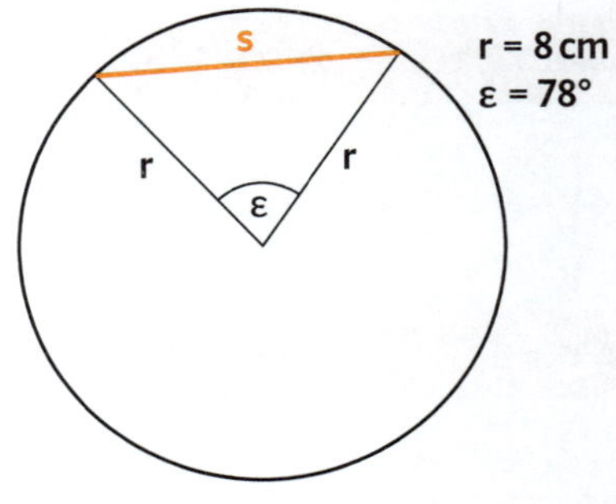

3 [●] Berechne die Länge der beiden Diagonalen e und f.

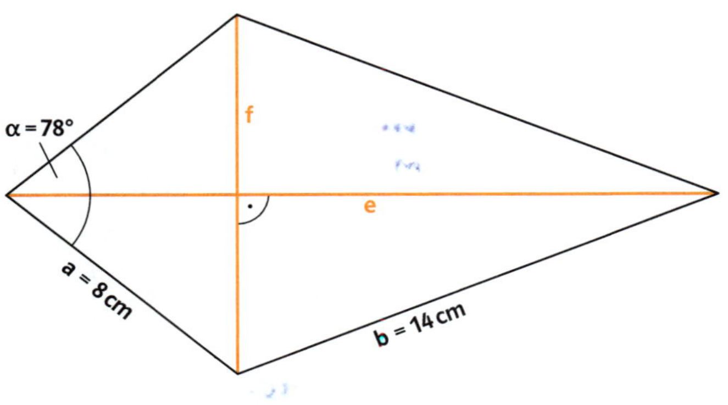

4 [●] Berechne im Würfel mit der Kantenlänge a = 10 cm den Winkel zwischen der Raumdiagonale d und der Grundflächendiagonale e.

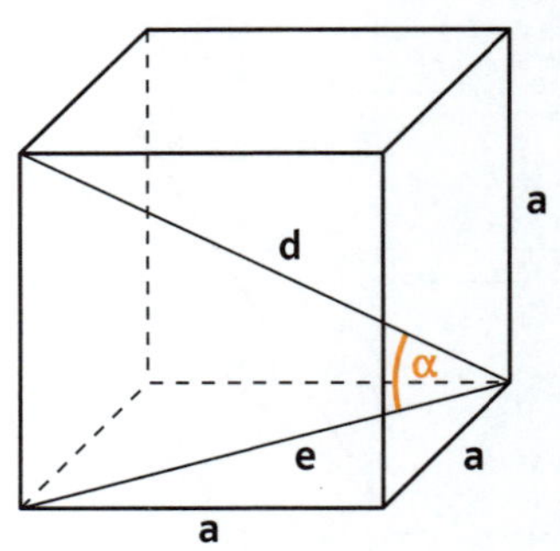

5 Berechne die Höhe des Hochhauses.

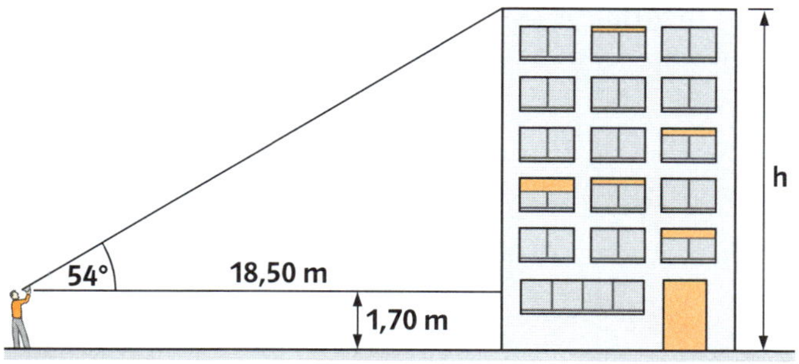

6 Wie viel Grad Steigung hat die Straße? Fertige zunächst eine Skizze von dem Steigungsdreieck an, das du für deine Berechnungen benötigst. Was ist auf dem Verkehrsschild irreführend?

Skizze:

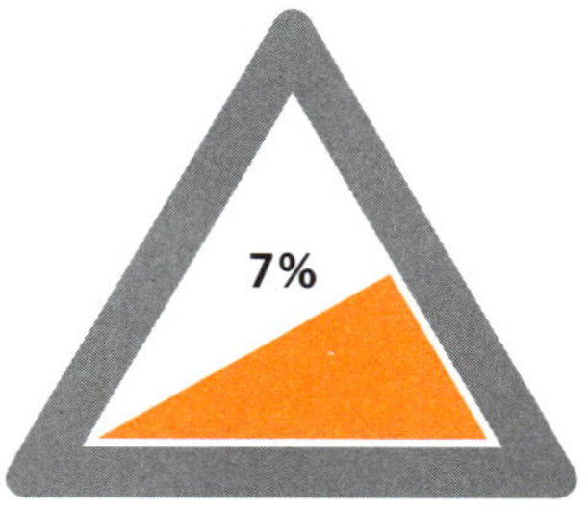

7 Berechne die Länge des äußersten Stahlseils und die Höhe des Mittelpfeilers von dieser Hängebrücke.

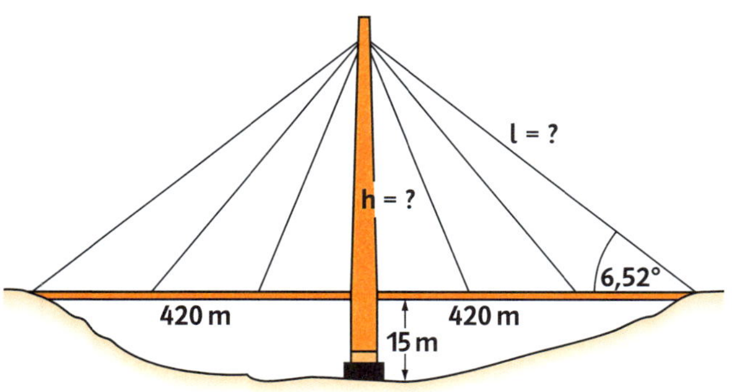

8 Die Breite $\overline{AB}$ einer Schlucht soll gemessen werden. Erläutere, wie die Messungen durchgeführt wurden. Berechne dann die Schluchtbreite.

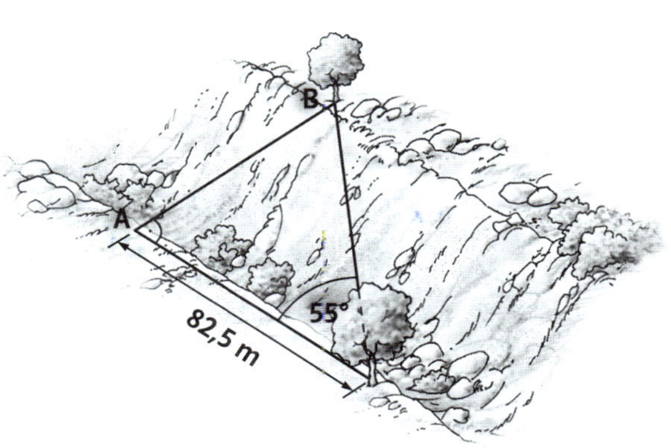

Tipp

In allen Dreiecken gilt der **Sinussatz**:

In jedem Dreieck verhalten sich zwei Seiten wie die Sinuswerte ihrer Gegenwinkel.

$\frac{a}{b} = \frac{\sin\alpha}{\sin\beta}$ $\quad \frac{a}{c} = \frac{\sin\alpha}{\sin\gamma}$ $\quad \frac{b}{c} = \frac{\sin\beta}{\sin\gamma}$

Beispiel: Berechnung der Länge der Seite c

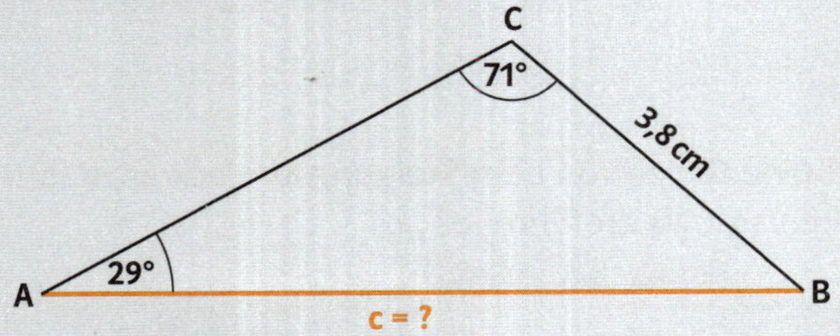

$\frac{c}{3{,}8} = \frac{\sin 71°}{\sin 29°} \quad | \cdot 3{,}8$

$c = \frac{\sin 71° \cdot 3{,}8}{\sin 29°}$

$c \approx 7{,}4\,\text{cm}$

1 Berechne die unbekannten Seitenlängen und Winkel mithilfe des Sinussatzes.

a)

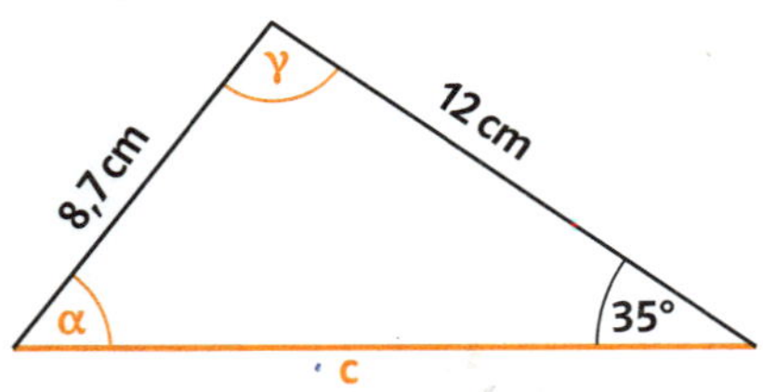

....

....

....

....

b)

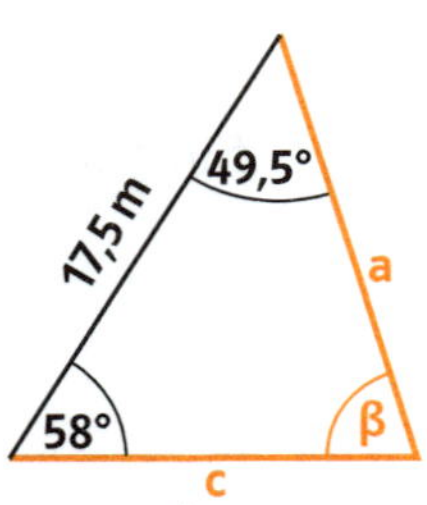

....

....

....

....

....

2 Ein Leuchtturm wurde zur Positionsbestimmung eines Schiffes zweimal angepeilt. Wie weit war das Schiff bei der 2. Peilung vom Leuchtturm entfernt?

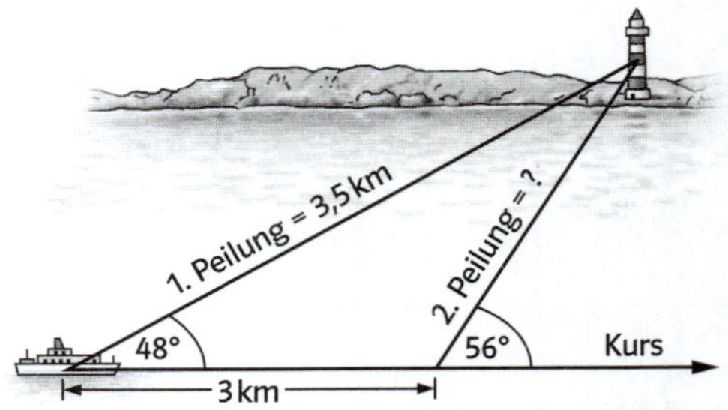

....

....

....

....

....

3 [●] Berechne den Flächeninhalt des dreieckigen Grundstücks ABC aus dem Flächeninhalt der Dreiecke, die den gemeinsamen Eckpunkt P haben.

(Tipp: Flächeninhalt A in beliebigen Dreiecken
$A = \frac{c \cdot b \cdot \sin\alpha}{2}$)

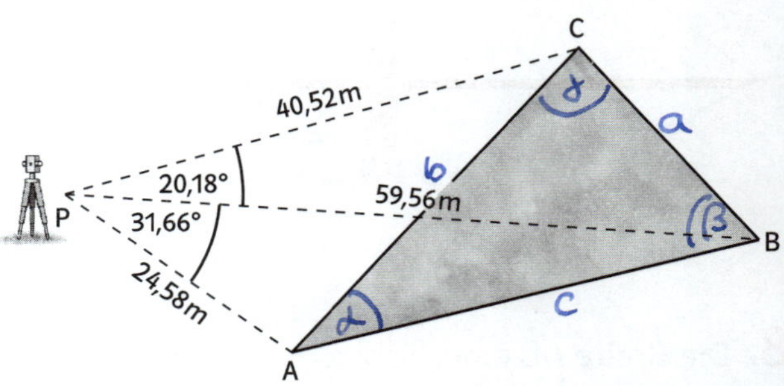

....

....

....

....

....

....

....

 ▻ Schülerbuch, Seite 118 und 124

Tipp

Kosinus und **Sinus** sind für Winkel von 0° bis 360° so festgelegt, dass sie die Koordinaten eines Punktes auf dem **Einheitskreis** (Radius r = 1) mit dem Drehwinkel α angeben.

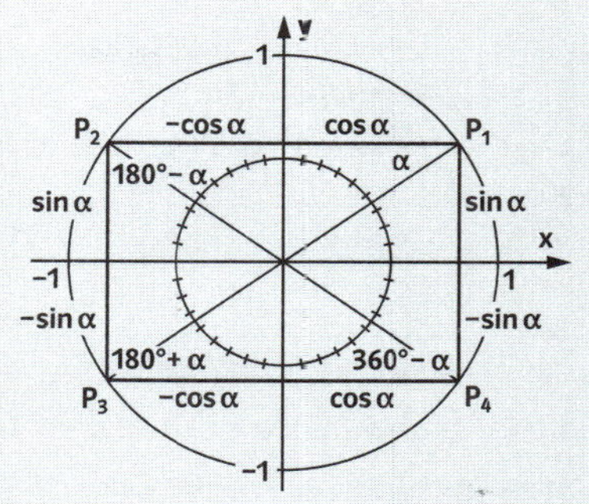

Dabei gilt für die Koordinaten der Punkte in den einzelnen Quadranten:

Winkel α	P_1 von 0° bis 90°	P_2 von 90° bis 180°	P_3 von 180° bis 270°	P_4 von 270° bis 360°
x-Koordinate	cos α	cos α = − cos (180° − α)	cos α = − cos (α − 180°)	cos α = cos (360° − α)
y- Koordinate	sin α	sin α = sin (180° − α)	sin α = − sin (α − 180°)	sin α = − sin (360° − α)

1 Ermittle mit dem Taschenrechner die Koordinaten der Punkte. Runde auf 2 Stellen nach dem Komma.

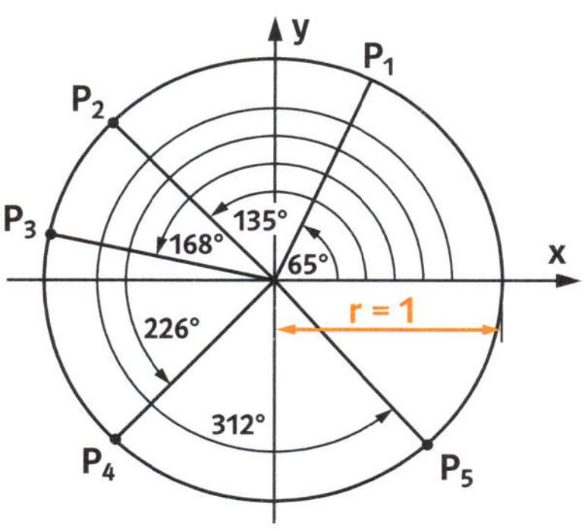

P	α	x-Koordinate cos α	y-Koordinate sin α
P_1	65°		
P_2	135°		
P_3	168°		
P_4	226°		
P_5	312°		

2 Welche Winkel zwischen 0° und 360° haben den gleichen sin-Betrag?

sin α	0°–90°	90°–180°	180°–270°	270°–360°
sin 84°				
sin 122°				
sin 235°				
sin 333°				
sin 360°				

3 Welcher Winkel zwischen 180° und 270° hat den gleichen cos-Betrag?

a) cos 110°: ……………………

b) cos 75°: ……………………

c) cos 320°: ……………………

d) cos 154°: ……………………

4 Für welche Winkel α gilt Folgendes?

a) sin α = − sin 37°: ……………………

b) cos α = − cos 68°: ……………………

c) sin α = − sin 112°: ……………………

d) cos α = − cos 205°: ……………………

5 Bei welchen Drehwinkeln ist die y-Koordinate nur halb so groß wie die Länge der Pedale?

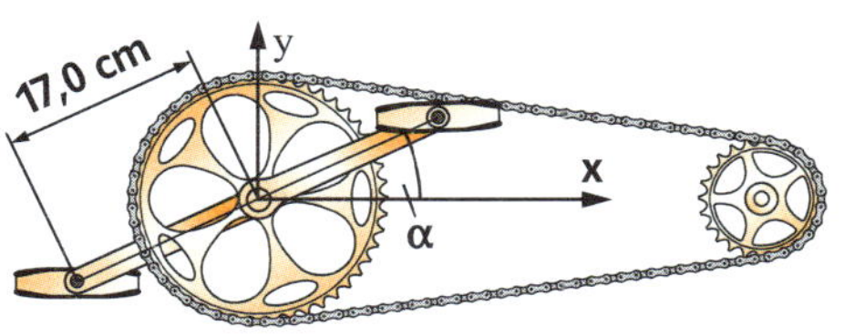

……………………

……………………

……………………

……………………

……………………

Tipp

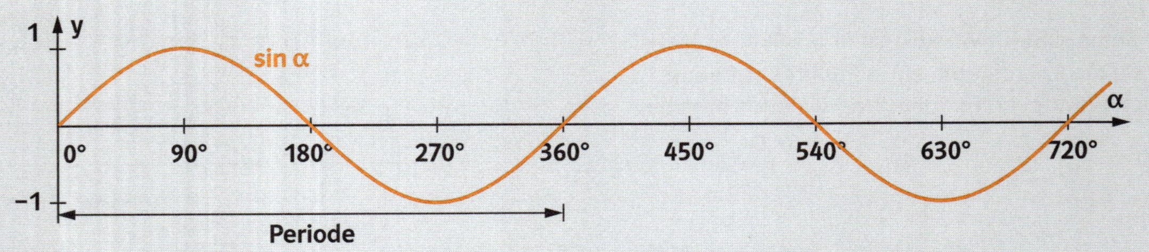

Die Funktion, die dem Drehwinkel α die y-Koordinate des Punktes P zuordnet, heißt **Sinusfunktion**.

Die Sinusfunktion ist auch für Drehwinkel über 360° erklärt. Ihre Werte wiederholen sich immer nach 360°. Daher nennt man sie **periodische Funktion**. Eine Periode beträgt 360°.

Beispiel: sin (490°) = sin (490° − 360°) = sin 130° = 0,766 044 443

1 Berechne die Koordinaten des Punktes P mit der Ausgangslage (1|0) nach einer Drehung um den angegebenen Winkel. Runde auf 2 Stellen nach dem Komma.

	x-Wert	y-Wert
410°		
490°		
620°		
760°		

2 Gib fünf Nullstellen für die Sinusfunktion an.

....

....

....

3 Gib alle Winkel im Intervall 0° bis 360° an, für die die Sinusfunktion denselben Wert hat wie

a) sin 540° ....

b) sin 625° ....

c) sin 755° ....

4 Bestimme die Winkel im angegeben Intervall

a) sin α = 0,8387 Intervall: 360° − 720°

α = ...

b) sin α = −0,4067 Intervall: 720° − 1080°

α = ...

5 Die Aufrichthöhe h einer Feuerwehrleiter hängt von ihrem Neigungswinkel α und ihrer Länge l ab. Berechne mithilfe der Sinusfunktion die Aufrichthöhe für die angegebenen Winkel.

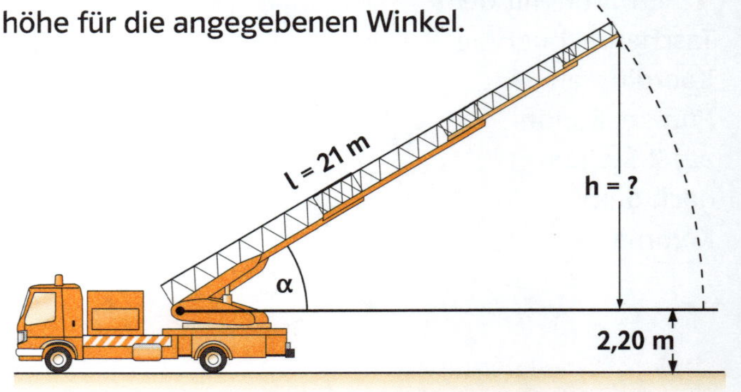

α	15°	30°	60°	75°
h in m				

6 [●] Auf eine Kabeltrommel mit einem Durchmesser von 0,80 m wird ein 20,91 m langes Kabel aufgewickelt.

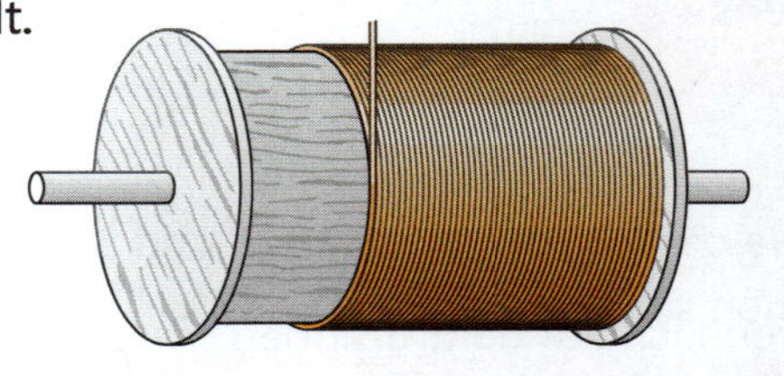

a) Wie groß ist dabei der gesamte Drehwinkel der Kabeltrommel?

....

....

b) Wie viele volle Drehungen machte die Kabeltrommel, wie groß ist der Restwinkel?

....

Überlege mithilfe des Lernrückblicks, ob du alles verstanden hast.

1 a) Ich weiß, was der Sinus, der Kosinus und der Tangens eines Winkels im rechtwinkligen Dreieck ausdrücken: ....

....

....

....

b) Beispiele für die Berechnung unbekannter Seiten oder Winkel im rechtwinkligen Dreieck mithilfe von sin, cos oder tan:

2 Den Sinussatz kann ich zur Berechnung fehlender Größen im Dreieck benutzen, wenn ....

....

....

3 Wenn ich auf dem Graphen einer Sinusfunktion die y-Koordinate eines Punktes zu einem beliebigen Drehwinkel ermittle, z. B. zu α = ...°, gebe ich auf meinem Taschenrechner die Tastenfolge .... ein und erhalte dann als y-Koordinate den Wert ....

4 Entscheide dich.

☐ Ich fühle mich fit im Bereich „Trigonometrie" und mache den Test auf der nächsten Seite.

☐ Bevor ich den Test mache, übe ich erst noch Folgendes: ....

....

[mittel]

1 Bestimme die unbekannten Seiten.

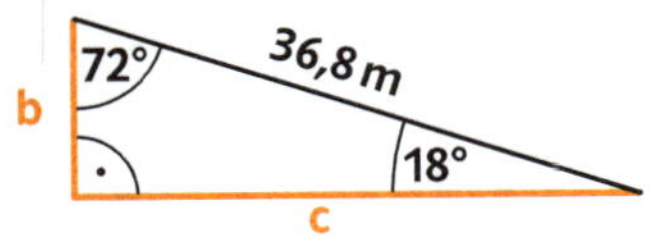

....

....

2 Berechne die Winkel.

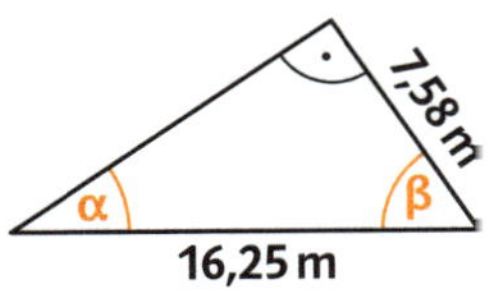

....

....

3 Wie hoch reicht diese Klappleiter?

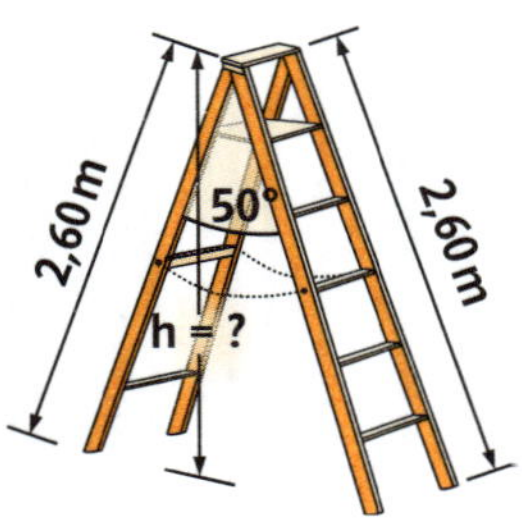

....

....

4

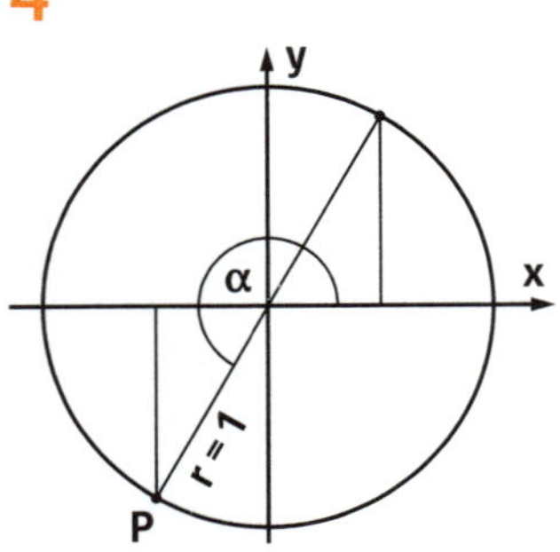

$\alpha = 240°$
Bestimme die Koordinaten von Punkt P.

x: ....

y: ....

5 Gib jeweils zwei Winkel an, für die die Sinusfunktion denselben Wert hat wie

a) $\sin 65° = \sin$ ....
$= \sin$ ....

b) $\sin 205° = \sin$ ....
$= \sin$ ....

[schwieriger]

1 Bestimme die unbekannten Größen.

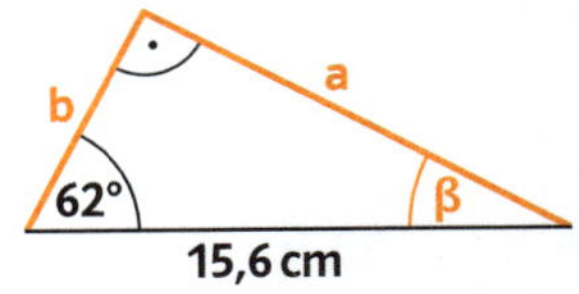

....

....

2 Berechne die Höhe des Parallelogramms.

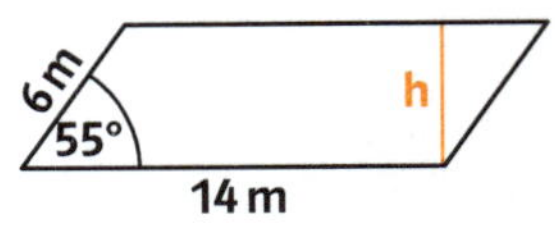

....

....

3 Vom Punkt A aus werden die Orte B und C vermessen. Wie weit liegen sie voneinander entfernt?

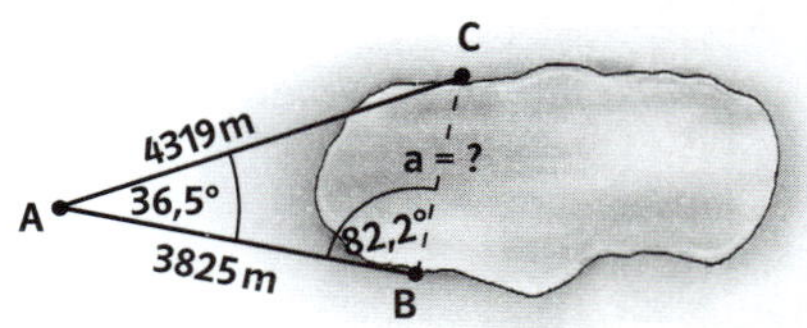

....

....

4

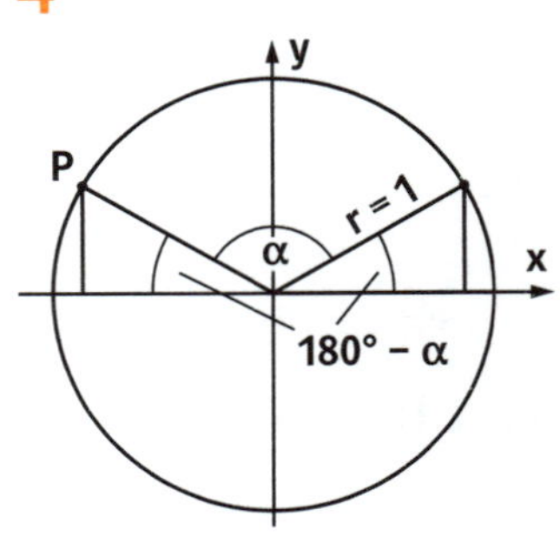

$\alpha = 120°$
Bestimme die Koordinaten von Punkt P.

x: ....

y: ....

5 Gib drei Winkel der Sinusfunktion mit dem y-Wert 0,5 an.

$\alpha_1 =$ .... $\alpha_2 =$ ....

$\alpha_3 =$ ....

Prüfe anhand der Lösungen in der Beilage.

Der Singapore Flyer

Der Singapore Flyer ist mit einer Höhe von 165 Metern das zur Zeit größte Riesenrad der Welt. Es verfügt über 28 Gondeln, die je bis zu 28 Personen fassen und jeweils 16 Tonnen wiegen.
Der Eintrittspreis für eine Fahrt beträgt 15 € pro Person. Dafür darf man eine Umdrehung fahren, die etwa 37 min dauert. Aus- und Einstieg der Passagiere geschieht während der Fahrt am untersten Punkt auf einer Plattform in etwa 5 Metern Höhe.

1 Der Kreis im nebenstehenden Koordinatensystem soll das Riesenrad darstellen.

a) Miss den Radius und gib an, in welchem Maßstab es gezeichnet wurde.

....

....

b) Du steigst in eine Gondel ein. Um wie viel Grad hat sich deine Gondel gedreht, wenn du dich

– 60 m unter der x-Achse ....

– 60 m über der x-Achse ....

befindest?

c) Wie oft wirst du dich bei einer Umdrehung mit deiner Gondel 40 m über oder unter der x-Achse befinden? Gib zu jeder Position auch den entsprechenden Drehwinkel an und zeichne sie ein.

....

....

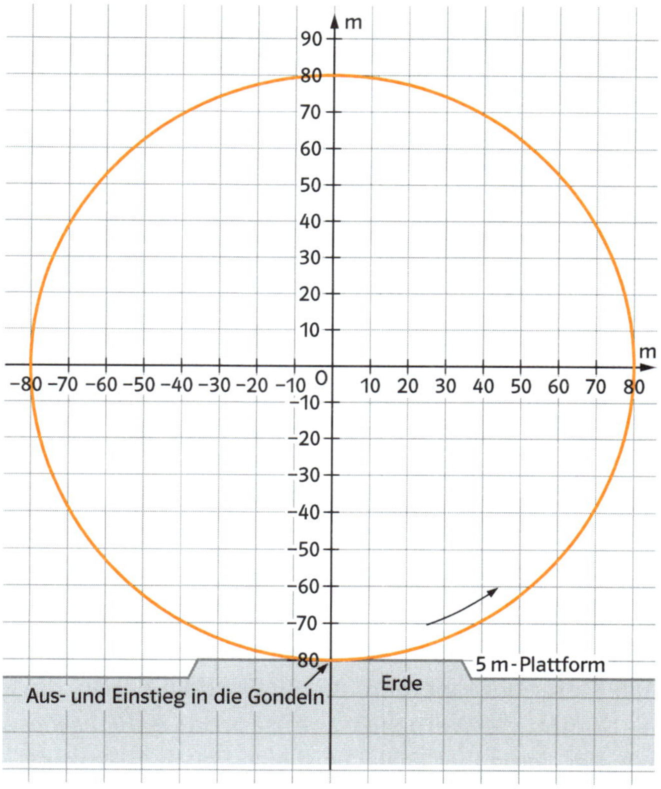

d) Trage in die Tabelle ein wie viel Meter du dich über der Erde befindest, wenn sich deine Gondel um die angegebene Gradzahl gedreht hat. Vergiss nicht, die 5 Meter Einstiegshöhe jeweils hinzuzurechnen.

Drehung in Winkelgrad	30°	100°	170°	260°	310°	360°
Höhe über der Erde in Metern						

e) Formuliere eine Funktionsgleichung, mit der sich die Höhenwerte in Aufgabenteil d) in Abhängigkeit vom Drehwinkel des Riesenrades berechnen lassen.

....

2 Ab einer Höhe von 140 Metern soll die Aussicht über den Wolkenkratzern auf die Stadt wunderbar sein.
a) Nach wie viel Grad Drehung hast du diese Höhe erreicht?

....

b) Bis wie viel Grad Drehung bleibst du mit deiner Gondel über 140 Metern Höhe?

....

....

c) Wie viele Minuten hast du Zeit, diese schöne Aussicht zu genießen?

....

....

3 a) Wie viele Meter hast du bei einer Fahrt (gleich 1 Umdrehung) zurückgelegt?
In welchem Abstand sind die 28 Gondeln auf dem Rad montiert?

....

b) Kreuze an, welche Geschwindigkeit du bei dieser Fahrt ungefähr hattest.
Schätze erst – rechne dann nach.

☐ 2,3 m/s ☐ 8,3 km/h ☐ 0,23 m/s ☐ 23 m/s ☐ 0,828 km/h

....

....

c) Überschlage und berechne das Gesamtgewicht aller Gondeln und Passagiere (nimm für eine Person 75 kg an), wenn alle Gondeln voll besetzt sind.

....

....

4 Schon sind in *Berlin*, *Dubai* und *Peking* noch größere Riesenräder geplant. So soll in *Berlin* das Riesenrad 185 Meter hoch werden und 36 Gondeln haben, die jeweils 40 Personen fassen können.
a) Stimmt die Werbeaussage, dass das *Berliner Riesenrad* fast doppelt so viele Passagiere befördern kann wie der *Singapore Flyer*? Vergleiche auch in Prozent.

....

....

b) Das *Pekinger Riesenrad* soll einen Durchmesser von 208 m erhalten.
Welche Geschwindigkeit wirst du bei diesem Riesenrad haben, wenn eine Umdrehung auch in etwa 37 Minuten dauern soll?

....

c) Um wie viel Prozent wird das *Pekinger Riesenrad* größer als der *Singapore Flyer*?

....

1 Schreibe als eine einzige Potenz.

a) $6^2 \cdot 6^5 =$ ……

b) $3^3 \cdot 3^{11} =$ ……

c) $5^5 \cdot 5^5 =$ ……

d) $1{,}3^3 \cdot 1{,}3^7 =$ ……

e) $4^7 \cdot 4^6 \cdot 4^5 =$ ……

f) $0{,}7^8 \cdot 0{,}7^3 =$ ……

g) $6^2 : 6^5 =$ ……

h) $9^9 : 9^9 =$ ……

i) $0{,}8^4 : 0{,}8^7 =$ ……

j) $2^9 : 2^5 : 2^2 =$ ……

k) $7^2 \cdot 7^3 \cdot 7^4 \cdot 7^5 \cdot 7^6 =$ ……

l) $9^{10} : 9^2 : 9^2 : 9^2 : 9^2 =$ ……

m) $0{,}6^7 \cdot 0{,}6^9 \cdot 0{,}6^3 \cdot 0{,}6^6 =$ ……

n) $(8^{12} : 8^4 : 8^3 : 8^2) : 8 =$ ……

o) $1 \cdot 1^3 \cdot 1 \cdot 1^4 \cdot 1 \cdot 1^5 =$ ……

p) $0{,}4^{10} : 0{,}4^4 : 0{,}4^3 : 0{,}4^2 =$ ……

2 Setze den passenden Exponenten ein.

a) $5^{4} \cdot 5^5 = 5^9$

b) $8^7 \cdot 8^{5} = 8^{13}$

c) $9^4 : 9^{2} = 9^2$

d) $3^{11} : 3^4 = 3^7$

e) $0{,}8^{10} \cdot 0{,}8^8 = 0{,}8^{18}$

f) $0{,}7^7 : 0{,}7^{5} = 0{,}7^2$

g) $2^3 \cdot 2^{1} \cdot 2^5 = 2^9$

h) $4^{9} : 4^3 : 4^5 = 4$

i) $6^4 \cdot 6^7 \cdot 6^{2} \cdot 6^9 = 6^{22}$

j) $7^{19} : 7^{7} : 7^3 : 7^7 = 7^2$

3 Vereinfache.

a) $8a^3 \cdot a^4 =$ ……

b) $7a^7 : 6a^6 =$ ……

c) $x^9 \cdot 9x^9 =$ ……

d) $2x^{11} : 2x^9 =$ ……

e) $b^2 \cdot b^3 \cdot 3b^4 =$ ……

f) $4b^8 : 2b^4 : b^2 =$ ……

g) $y^5 \cdot \frac{y^4}{y^3} =$ ……

h) $\frac{y^8}{y^4} \cdot \frac{y^6}{y^3} =$ ……

i) $6z^3 \cdot 3z^7 : 9z^2 \cdot \frac{z^9}{z^3} =$ ……

Tipp

$a^m \cdot a^n = a^{m+n}$

$a^m : a^n = \frac{a^m}{a^n} = a^{m-n}$

$a^n \cdot b^n = (a \cdot b)^n$

$a^n : b^n = (a : b)^n$

$(a^m)^n = a^{m \cdot n}$

$a^{-n} = \frac{1}{a^n}$

4 Vereinfache und ordne der Größe nach.

a) $7^3 \cdot 7^2$; $7^{16} : 7^8$; $7^2 \cdot 7^2 \cdot 7^2$; $7^{14} \cdot 7^3 : 7^{10}$

……

b) $3^2 \cdot 3^3$; $3^{12} : 3^6$; $3^8 : 3^4$; $3^4 \cdot 3^3$; $\frac{3^7}{3^6}$; $3 \cdot 3^2$

……

c) $0{,}1^{12} \cdot 0{,}1^{10}$; $0{,}1^3 : 0{,}1^2$; $0{,}1^{11} : 0{,}1^{10}$; $\frac{0{,}1^2}{0{,}1^3}$

……

d) $2^4 \cdot 2^4$; $4^9 : 4^4$; $5^2 \cdot \frac{5^9}{5^3}$; $3^{99} : 3^{98} \cdot 3^7$; $6^7 \cdot 6$

……

5 Berechne wie im Beispiel.

$a^3 \cdot (a^5 + a^7) = a^8 + a^{10}$

a) $x^4 \cdot (x^7 + x^9) =$ ……

b) $b^9 \cdot (b^2 + 2b^9) =$ ……

c) $3a^3 \cdot (a^4 + a^5) =$ ……

d) $4y^5 \cdot (2y^3 - 3y^2) =$ ……

e) $2z^8 : (2z^4 + 2z^3 + 2z^2) =$ ……

6 Berechne wie im Beispiel.

$x^{16} + x^5 = x^5(x^{11} + 1)$

a) $a^7 + a^3 =$ ……

b) $b^9 + b^8 =$ ……

c) $x^{13} - x^{11} =$ ……

d) $y^{12} + y^4 + y^9 =$ ……

e) $z^2 + z^2 =$ ……

f) [●] $8c^8 - 4c^4 + 2c^2 =$ ……

7 Vereinfache wie im Beispiel.

$3^2 \cdot 2^2 = (3 \cdot 2)^2 = 6^2$

a) $4^9 \cdot 6^9 =$ ....

b) $8^5 \cdot 5^5 =$ ....

c) $9^3 : 3^3 =$ ....

d) $0{,}5^1 \cdot 0{,}5^1 =$ ....

e) $36^6 : 12^6 =$ ....

f) $2^7 \cdot 3^7 \cdot 6^7 =$ ....

g) $4^8 \cdot 3^8 : 2^8 =$ ....

h) $48^4 : 4^4 : 6^4 =$ ....

i) $9^3 : 3^3 \cdot 0{,}5^3 =$ ....

8 Vereinfache erst und berechne dann.

a) $\frac{4^4}{2^4} =$ ....

b) $\frac{24^3}{8^3} =$ ....

c) $\frac{9^6}{4{,}5^6} =$ ....

d) $\frac{1{,}2^5}{0{,}4^5} =$ ....

e) $\frac{8{,}1^8}{0{,}3^8} =$ ....

f) $\frac{100^1}{10^1} =$ ....

g) $\frac{144^2}{12^2} =$ ....

h) $\frac{(-5{,}4)^7}{(-0{,}6)^7} =$ ....

9 Berechne ohne Taschenrechner.

a) $25^4 \cdot 4^2 \cdot 4^2 =$ ....

b) $5^9 : 5^6 \cdot 20^3 =$ ....

c) $8^5 \cdot 12{,}5^{12} : 12{,}5^7 =$ ....

d) $9^2 : 3^3 : 3 =$ ....

e) $1^{11} : 1 \cdot 1^{10} =$ ....

f) $4^4 : 2^3 \cdot 2 =$ ....

g) $25^2 : 5^7 : 5^5 =$ ....

h) $48^9 : 48^7 : 12^2 =$ ....

10 Berechne im Kopf wie im Beispiel.

$2^2 \cdot 5^3 = 2^2 \cdot 5^2 \cdot 5 = 10^2 \cdot 5 = 100 \cdot 5 = 500$

a) $2^4 \cdot 5^5 =$ ....

b) $5^3 \cdot 2^5 =$ ....

c) $2{,}5^3 \cdot 2^4 =$ ....

d) $12^2 : 2^3 =$ ....

e) $4^2 : 2^6 =$ ....

11 Vereinfache erst und berechne dann.

a) $(2^2)^3 =$ ....

b) $(10^2)^2 =$ ....

c) $(0{,}1^3)^2 =$ ....

d) $((-3)^2)^2 =$ ....

e) $(4^2)^3 : 2^6 =$ ....

f) $(20^3)^2 : 10^6 =$ ....

g) $((3^3)^2)^{0{,}5} : 2^3 =$ ....

h) $(0{,}5^3 \cdot 6^3)^3 : 3^4 =$ ....

12 Kreuze die richtige Lösung an und denke dir dann zu der falschen Lösung eine eigene Aufgabe aus.

a) $(5\,a)^3 \cdot a^3 =$ ☐ $125\,a^6$ ☐ $5\,a^6$

Eigene Aufgabe: ....

b) $(3\,b)^2 : b =$ ☐ $3\,b$ ☐ $9\,b$

Eigene Aufgabe: ....

c) $(2\,x)^2 \cdot (2\,x)^2 =$ ☐ $4\,x^4$ ☐ $16\,x^4$

Eigene Aufgabe: ....

d) $(2\,z)^4 : 4\,z^3 =$ ☐ $4\,z$ ☐ $\frac{1}{2}z$

Eigene Aufgabe: ....

e) $(0{,}5\,y)^2 \cdot 2\,y^5 =$ ☐ y^7 ☐ $\frac{1}{2}y^7$

Eigene Aufgabe: ....

▻ Schülerbuch, Seite 130 bis 132

1 Schreibe mit negativem Exponenten.

a) $\frac{1}{2^2}$ = ... b) $\frac{1}{9^9}$ = ...

c) $\frac{1}{x^{11}}$ = ... d) $\frac{1}{a^3}$ = ...

e) $\frac{1}{y}$ = ... f) $\frac{1}{8}$ = ...

g) $\frac{1}{1^{11}}$ = ... h) $\frac{1}{z^{99}}$ = ...

2 [✓] Schreibe mit Bruchstrich und berechne wie im Beispiel. Streiche die Ergebnisse aus den vorgegebenen Lösungen.

$2^{-3} = \frac{1}{2^3} = \frac{1}{8}$

a) 3^{-2} = ...

b) 2^{-5} = ...

c) 1^{-9} = ...

d) $2 \cdot 2^{-4}$ = ...

e) $2^{-2} \cdot 3$ = ...

f) $128 \cdot 4^{-3}$ = ...

4^{-1} | $\frac{1}{32}$ | $\frac{3}{4}$ | 2^{-2} | $\frac{1}{9}$ | $\frac{1}{4}$ | $\frac{1}{8}$ | 2 | 1

Was fällt dir bei den verbleibenden Lösungen auf?

....

....

3 Notiere deinen Lösungsweg und berechne ohne Taschenrechner.

a) $2^4 : 2^7$ = ...

b) $4^2 : 4^4$ = ...

c) $3^9 : 3^{11}$ = ...

d) $6^5 : 6^7$ = ...

e) $9 : 9^3$ = ...

f) $10^5 : 10^{10}$ = ...

g) $0{,}5^7 : 0{,}5^9$ = ...

h) $99^{99} : 99^{100}$ = ...

4 Berechne wie im Beispiel.

$4^{-3} \cdot 5^2 = \frac{1}{4^3} \cdot 5^2 = \frac{5^2}{4^3} = 25 : 64 = 0{,}390\,625$

a) $6^{-2} \cdot 3^6$ = ...

b) $8^3 \cdot 5^{-2}$ = ...

c) $2^6 \cdot 4^{-3}$ = ...

d) $4^{-3} \cdot 5^{-4}$ = ...

e) $3^{10} \cdot 10^{-3}$ = ...

f) $100^{-2} \cdot 7^3$ = ...

g) $2^{-8} \cdot 12^8$ = ...

h) $97^0 \cdot 8^{-2}$ = ...

5 Vereinfache.

a) $x^6 \cdot x^{-4}$ = ...

b) $y^{-8} \cdot y^{-11}$ = ...

c) $a^{12} \cdot a^{-4} \cdot a^{-3}$ = ...

d) $z^{-1} \cdot z^{-3} \cdot z^{-5} \cdot z^{10}$ = ...

e) $(b^{-4} \cdot b^{-4}) : (b^{-12} \cdot b^{-6})$ = ...

f) $(c^4 : c^{-5}) \cdot (c^{-8} : c^{-9})$ = ...

g) $(a^{-4} \cdot b^{-3}) : (a^{-3} \cdot b^{-4})$ = ...

6 Schreibe alle Umformungsschritte auf und berechne dann.

a) $\left(\frac{1}{2}\right)^4 + \left(\frac{1}{4}\right)^2 + \left(\frac{1}{2}\right)^{-4} + \left(\frac{1}{4}\right)^{-2} =$

....

....

b) $3^{-3} - \left(\frac{1}{3}\right)^3 + \left(\frac{1}{3}\right)^{-3} + 3^3 =$

....

....

c) $\left(\frac{1}{5}\right)^2 + 5^{-3} + \left(\frac{1}{8}\right)^{-2} + 9^3 =$

....

....

1 Berechne ohne Taschenrechner.

a) $\sqrt{144}$ = ……………… b) $9^{\frac{1}{2}}$ = ………………

c) $\sqrt[2]{25}$ = ……………… d) $1^{\frac{1}{10}}$ = ………………

e) $16^{\frac{1}{4}}$ = ……………… f) $\sqrt[3]{64}$ = ………………

g) $\sqrt[4]{81}$ = ……………… h) $343^{\frac{1}{3}}$ = ………………

i) $128^{\frac{1}{7}}$ = ……………… j) $\sqrt[17]{1}$ = ………………

2 Welche Karte zeigt jeweils die richtige Lösung?

a) $10^{\frac{1}{10}}$ = ……………… 10^{-10} | $\sqrt[10]{10}$ | $-\sqrt{10}$

b) $a^{\frac{1}{b}}$ = ……………… $b^{\frac{1}{a}}$ | $\sqrt[b]{a}$ | $\frac{a}{b}$

c) $\sqrt[3]{9}$ = ……………… 9^{-3} | 3 | $9^{\frac{1}{3}}$

d) $\sqrt[5]{1024}$ = ……………… -1024^5 | $1024^{\frac{1}{-5}}$ | 4

e) $\sqrt[4]{x}$ = ……………… $4^{\frac{1}{x}}$ | $x^{\frac{1}{4}}$ | $(-x)^{-4}$

f) $\sqrt[z]{1}$ = ……………… $-1^{\frac{1}{z}}$ | $\sqrt{z}$ | 1

g) $b^{\frac{1}{2a}}$ = ……………… $2ab$ | $\frac{b}{2a}$ | $\sqrt[2a]{b}$

h) $3c^{\frac{1}{3}}$ = ……………… $3\sqrt[3]{c}$ | $\sqrt[3]{3c}$ | $\frac{c}{3}$

i) $\sqrt{\frac{1}{y}}$ = ……………… $y^{\frac{1}{2}}$ | $-\left(\frac{1}{y}\right)$ | $\left(\frac{1}{y}\right)^{\frac{1}{2}}$

j) $\sqrt[a]{2b}$ = ……………… b^{2a} | $(2b)^{\frac{1}{a}}$ | $-2ab$

Tipp

Die positive Lösung der **Gleichung $x^n = a$** wird mit $\sqrt[n]{a}$ oder mit $a^{\frac{1}{n}}$ bezeichnet. Dabei ist a eine positive Zahl und n eine natürliche Zahl.

3 Löse die Gleichungen. Notiere dabei die Umformungsschritte.

a) $x^2 = 9$ b) $a^3 = 8$

c) $z^7 = 4$ d) $c^{99} = 1$

e) $b^4 = 81$ f) $x^2 = 36$

g) $x^6 = 12$ h) $a^{11} = 11$

i) $y^{\frac{1}{3}} = 27$ j) $b^9 = 100$

4 [●] Es gilt $\sqrt[n]{a} \cdot \sqrt[n]{b} = \sqrt[n]{a \cdot b}$ und $\frac{\sqrt[n]{a}}{\sqrt[n]{b}} = \sqrt[n]{\frac{a}{b}}$

Vereinfache.

a) $\sqrt[3]{x} \cdot \sqrt[3]{y}$ = ………………

b) $\frac{\sqrt[7]{a}}{\sqrt[7]{b}}$ = ………………

c) $\sqrt[8]{c} : \sqrt[8]{c}$ = ………………

d) $\sqrt[4]{x} \cdot \sqrt[4]{y} \cdot \sqrt[4]{z}$ = ………………

e) $\sqrt{x} \cdot \sqrt{2x}$ = ………………

f) $\sqrt[6]{x} : \sqrt[6]{y} : \sqrt[6]{z}$ = ………………

g) $\sqrt[5]{32y} : \sqrt[5]{y}$ = ………………

▷ Schülerbuch, Seite 134

1 Die folgende Tabelle zeigt Größen verschiedener kugelrunder Ballons, deren Maße durch Luft Ablassen oder weiteres Aufpumpen verändert werden. Der Faktor k gibt dabei die Vervielfachung des Kugelradius an. Berechne die noch fehlenden Größen in der Tabelle.

	a)	b)	c)	d)	e)	f)	g) [●]
Faktor k	2	5				0,5	
Oberfläche alt (in cm^2)	12			7	56	124	
Faktor k^2			9				
Oberfläche neu (in cm^2)		100	135		504		2,4
Volumen alt (in cm^3)	2	4		3,5	12	20	150
Faktor k^3				64			
Volumen neu (in cm^3)			108				9,6

2 Zeichne die Funktionsgraphen. Berechne dabei zuerst die Funktionswerte und wähle dann eine geeignete Achseneinteilung.

a) $f(x) = 3 \cdot x^2$

x	−1,5	−1	−0,5	0	0,5	1	1,5
f(x)							

b) $f(x) = \frac{4}{5} \cdot x^3$

x	−1,5	−1	−0,5	0	0,5	1	1,5
f(x)							

3 [●] Ein Quader hat das Verhältnis $\frac{O_1}{V_1}$ von $1{,}5\,\frac{cm^2}{cm^3}$. Nun werden alle Kantenlängen um den Faktor 5 erhöht.

a) Welchen Betrag hat das neue Verhältnis $\frac{O_2}{V_2}$? ....

b) Wie groß ist die O_2, wenn $V_2 = 12\,cm^3$ ist? ....

Überlege mithilfe des Lernrückblicks, ob du alles verstanden hast.

1 Ich kenne mich aus mit Potenzen, denn ich weiß ....

....

....

....

....

2 Beim Rechnen mit Potenzen beachte ich folgende Regeln:

....	Beispiel: ....
....	....
....	....
....	....
....	....
....	....

3 a) Zum Berechnen von Potenzen gibt es auf meinem Taschenrechner folgende Tasten:

....

Beispielaufgabe .... Tastenfolge: ....

b) Zum Berechnen von Wurzeln gibt es auf meinem Taschenrechner folgende Tasten:

....

Beispielaufgabe .... Tastenfolge: ....

4 Wenn die Längen eines Körpers um einen Faktor k vervielfacht werden, ...

....

....

z. B.: ....

....

5 Entscheide dich.

☐ Ich fühle mich fit im Bereich „Potenzen" und mache den Test auf der nächsten Seite.

☐ Bevor ich den Test mache, übe ich erst noch Folgendes: ....

....

[mittel]

1 Setze den passenden Exponenten ein.

a) $4^{\square} \cdot 4^7 = 4^9$ b) $7^2 \cdot 7^{\square} = 7^{11}$

c) $8^5 : 8^{\square} = 8^3$ d) $2^{\square} : 2^4 = 2^8$

e) $0{,}3^{\square} \cdot 0{,}3^9 = 0{,}3^{17}$ f) $1{,}9^7 : 1{,}9^{\square} = 1{,}9^2$

2 Vereinfache.

a) $x^{-7} \cdot x^{-13} =$ ……………………………………

b) $a^3 \cdot b^3 \cdot c^3 =$ ……………………………………

c) $(y^{\frac{1}{2}} \cdot y^{\frac{1}{3}})^6 =$ ……………………………………

3 Ordne der Größe nach.

a) $8^3 \cdot 8^3$; $8^{14} : 8^7$; $8^2 \cdot 8^4 \cdot 8^2$; $8^{11} \cdot 8^3 : 8^9$

……………………………………

b) $\sqrt[3]{3} \cdot \sqrt[3]{9}$; $\sqrt{\frac{5^2}{1^2}}$; $64^{\frac{1}{3}}$; $1 + 1^{99}$; $\sqrt{3^3 + 3^2}$; $\frac{2^3}{2}$

……………………………………

4 Kreuze die richtige Lösung an.

a) $\sqrt[2]{x} \cdot \sqrt[2]{x} =$ ☐ $x^{\frac{1}{2}}$ ☐ x

b) $a^{-2b} =$ ☐ $\frac{1}{a^{2b}}$ ☐ $\sqrt[2b]{a}$

5 Alle Kantenlängen eines Quaders werden um den Faktor 3 erhöht.

a) Um welchen Faktor erhöht sich damit die Oberfläche des Quaders?

……………………………………

……………………………………

b) Wie groß ist das neue Volumen, wenn das alte $12\,cm^3$ betrug?

……………………………………

……………………………………

[schwieriger]

1 Setze den passenden Exponenten ein.

a) $0{,}5^{\square} \cdot 0{,}5^8 = 0{,}5^{13}$ b) $0{,}1^6 : 0{,}1^{\square} = 0{,}1^2$

c) $3^2 \cdot 3^{\square} \cdot 3^4 = 3^{11}$ d) $5^{\square} : 5^2 : 5^7 = 5$

e) $9^9 \cdot 9^4 \cdot 9^{\square} \cdot 9^5 = 9^{22}$ f) $6^{32} : 6^{\square} : 6^{16} : 6^8 = 6^2$

2 Vereinfache.

a) $(x^3 : x^{-4}) \cdot (x^{-5} : x^{-6}) =$ ……………………………………

b) $(y^{-4} \cdot z^{\frac{1}{3}}) : (z^{\frac{1}{3}} \cdot y^{-4}) =$ ……………………………………

c) $\left(\frac{1}{a}\right)^3 \cdot \left(\frac{1}{b}\right)^3 \cdot \left(\frac{1}{c}\right)^3 =$ ……………………………………

3 Ordne der Größe nach.

a) $\frac{1^2}{1^3}$; 1^{23}; $\sqrt[23]{1}$; $1 \cdot 1^2 \cdot 1^3$; $1^{\frac{2}{3}}$; $(1^2)^3$; 1^{-23}

……………………………………

b) $\sqrt{121}$; $\sqrt[2]{36} + \sqrt[3]{27}$; $(2^2)^2 : 2$; $\frac{\sqrt[3]{24}}{\sqrt[3]{3}}$; $144^{\frac{1}{2}}$

……………………………………

4 Kreuze die richtige Lösung an.

a) $\sqrt[3]{a} \cdot \sqrt[3]{b} =$ ☐ $(ab)^{-3}$ ☐ $(ab)^{\frac{1}{3}}$

b) $(4z)^{\frac{1}{4}} \cdot \sqrt[4]{\frac{z}{4}} =$ ☐ $\sqrt{z}$ ☐ $z^{\frac{1}{4}}$

5 Alle Kantenlängen eines Quaders werden um den Faktor 2,5 erhöht.

a) Wie groß ist die neue Oberfläche, wenn die alte $72\,cm^2$ betrug?

……………………………………

……………………………………

b) Wie groß war das alte Volumen, wenn das neue $31{,}25\,cm^3$ beträgt?

……………………………………

……………………………………

Viele Lebensmittel besitzen eine große Verpackung, aber wenig Inhalt. Damit Lebensmittelverpackungen nicht allein durch ihre Größe mehr Inhalt vortäuschen, regelt das so genannte *Eichgesetz* das Verhältnis von Inhaltsgewicht und Packungsvolumen.

So ist gesetzlich festgelegt, dass eine Pralinenverpackung für jedes Gramm des Inhalts höchstens $6\,cm^3$ Volumen haben darf.

1 Welches Volumen dürfen Pralinenpackungen von 75 g, 100 g und 150 g höchstens haben?

a) Max. Volumen einer 75 g-Packung: ....

b) Max. Volumen einer 100 g-Packung: ....

c) Max. Volumen einer 150 g-Packung: ....

d) Max. Volumen einer 200 g-Packung: ....

2 Wie schwer muss der Packungsinhalt bei Verpackungsvolumina von $480\,cm^3$, $720\,cm^3$ und $1050\,cm^3$ mindestens sein, um dem *Eichgesetz* für Pralinenverpackungen zu entsprechen?

a) Min. Gewicht bei $480\,cm^3$ Volumen: ....

b) Min. Gewicht bei $720\,cm^3$ Volumen: ....

c) Min. Gewicht bei $1050\,cm^3$ Volumen: ....

d) Min. Gewicht bei $1260\,cm^3$ Volumen: ....

3 Die quaderförmige Pralinenschachtel in der Abbildung rechts hat ein Volumen von $585\,cm^3$.

a) Berechne die fehlende Kantenlänge und notiere deinen Rechenweg.

....

....

....

....

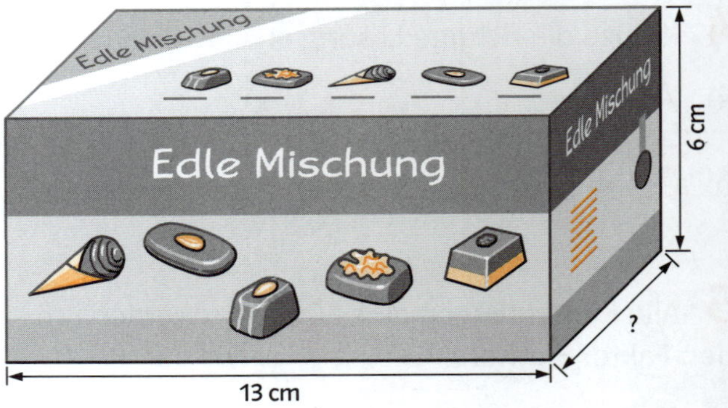

b) Berechne nun die Oberfläche der Pralinenschachtel aus der Abbildung.

....

c) Die nächstgrößere Pralinenpackung des Herstellers hat eine um den Faktor 2,25 größere Oberfläche. Wie groß ist das Volumen dieser Packung? Notiere deinen Rechenweg.

....

....

....

▻ Schülerbuch, Seite 127 bis 138

4 Die Pralinenverpackung eines anderen Herstellers ist zylinderförmig.

a) Berechne das Volumen der Verpackung mit den in der Abbildung angegebenen Maßen. Runde das Ergebnis auf eine ganze Zahl.

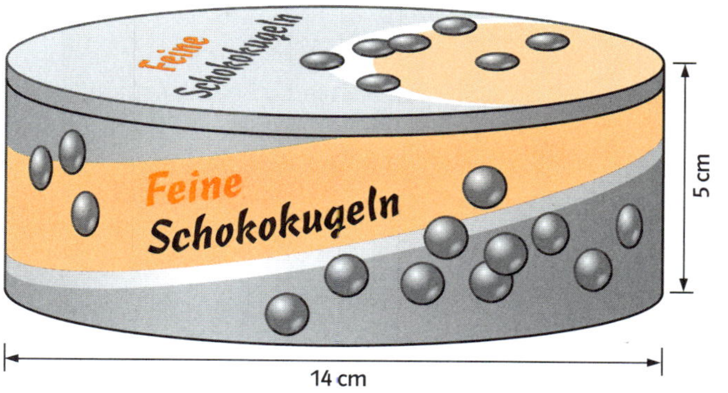

....

....

....

....

....

b) Das Gewicht der Pralinen in der zylinderförmigen Verpackung beträgt 120 g.
Entspricht damit das Verhältnis von Inhaltsgewicht zu Verpackungsvolumen noch dem Eichgesetz? Notiere deinen Rechenweg und runde auf eine Nachkommastelle.

....

....

....

c) Um wie viel Prozent ist das Volumen der Pralinenverpackung zu groß? Runde auf eine ganze Zahl.

....

....

d) Da bereits sehr viele dieser Pralinenverpackungen produziert wurden, entschließt sich der Hersteller nun doch, das Gewicht des Inhalts zu erhöhen. Wie schwer müsste der Packungsinhalt mindestens sein, um dem *Eichgesetz* zu entsprechen?

....

....

....

....

5 Zum Valentinstag wirbt ein Pralinenhersteller mit dem Aufdruck „Jetzt 30 % mehr Inhalt". Dabei ist das Volumen der Verpackung von 600 cm^3 auf 750 cm^3 erhöht worden.

Wie ist die aufgedruckte Werbung bei gleichbleibendem Verhältnis von Inhaltsgewicht zu Verpackungsvolumen zu beurteilen? Notiere zur Beantwortung dieser Frage deinen Rechenweg.

....

....

....

....

....

Mathematische Werkstatt Brüche, Prozente, Zinsen

1 Berechne.

a) $2\frac{4}{15} + 3\frac{7}{10} =$ ……………………………………

b) $\frac{7}{18} \cdot \frac{9}{21} =$ ……………………………………

c) $3\frac{3}{4} - 2\frac{2}{5} : 1\frac{1}{5} =$ ……………………………………

d) $3\frac{5}{8} \cdot \frac{2}{5} =$ ……………………………………

e) $\left[\frac{9}{10} + \frac{3}{5} \cdot \left(\frac{1}{2} - \frac{1}{3}\right)\right] : \frac{1}{7} =$ ……………………………………

2 In zwei Kannen befindet sich Saft. Die eine Kanne enthält $2\frac{1}{2}$ l Saft, die andere $1\frac{3}{4}$ l. Wie viele Gläser kann man mit dem Saft füllen, wenn jedes Glas mit $\frac{1}{8}$ l gefüllt werden kann?

……………………………………

3 [✓] Berechne im Kopf. Folge dem Pfeil mit der richtigen Lösung.

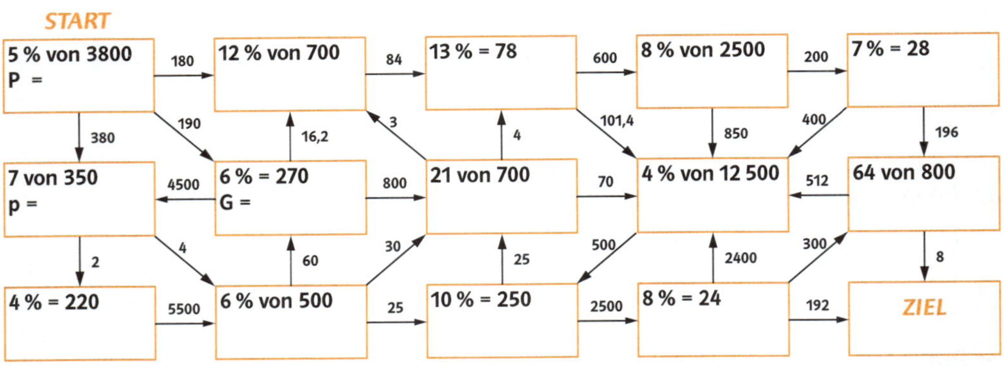

4 Frau Sievers kauft eine Waschmaschine für 985 €. Hinzu kommen noch 16 % Mehrwertsteuer. Weil sie bar bezahlt, darf sie 2 % Skonto abziehen. Wie viel muss sie bezahlen?

……………………………………

……………………………………

5 Fülle die Tabelle aus.

	a)	b)	c)	d)	e)	f)
Kapital	540 €	850 €		3000 €	2700 €	750 €
Zinssatz	4 %		6 %	5 %	9 %	
Zeit	7 Monate	80 Tage	84 Tage		8 Monate	6 Monate
Zinsen		17 €	126 €	65 €		15 €

6 Auf wie viel Euro wächst ein Kapital von 1360 €, das zu 4 % verzinst wird, in 3 Jahren an?

……………………………………

……………………………………

Tipp

Bruchrechnung

+ Gleichnamig machen; Zähler addieren; Nenner beibehalten

− Gleichnamig machen; Zähler subtrahieren; Nenner beibehalten

· Zähler mal Zähler; Nenner mal Nenner; Kürzen

: Mit dem Kehrbruch malnehmen

! Punktrechnung vor Strichrechnung

! Klammer vor allem

Tipp

Prozentrechnung

P = Prozentwert

G = Grundwert

p % = Prozentsatz

$P = \frac{G \cdot p}{100}$

Tipp

Zinsrechnung

Z = Zinsen

K = Kapital

p % = Prozentsatz

i = Tage

$Z = \frac{K \cdot p \cdot i}{100 \cdot 365}$

Kapital Zinseszins nach n Jahren

$K_n = K \cdot \left(1 + \frac{p}{100}\right)^n$

1 Verbinde, was zusammengehört.

3^3 | 11^2 | 10 000 | 121 | 16^1 | 10^4 | 8000 | 13^0 | 20^3 | 1 | 49 | 2^6 | 125 | 64 | 5^3 | 7^2 | 16 | 27

2 Berechne mit dem Taschenrechner.

a) 3^6 = ... b) 2^{12} = ...

c) 4^8 = ... d) 8^4 = ...

e) $2{,}4^3$ = ... f) $1{,}6^5$ = ...

g) $0{,}2^4$ = ... h) $0{,}01^3$ = ...

3 Setze den richtigen Exponenten ein.

a) $169 = 13^{\square}$ b) $0{,}0001 = 0{,}1^{\square}$

c) $1 = 15^{\square}$ d) $0{,}064 = 0{,}4^{\square}$

e) $100\,000 = 10^{\square}$ f) $9 = 9^{\square}$

4 Ergänze.

a) $2{,}89 = \square^2$ b) $\square = 0{,}4^3$

c) $625 = 5^{\square}$ d) $0{,}008 = 0{,}2^{\square}$

e) $\frac{\square}{25} = \left(\frac{3}{5}\right)^2$ f) $\frac{8}{\square} = \left(\frac{2}{9}\right)^{\square}$

5 Schreibe in wissenschaftlicher Notation.

a) 40 000 = ...

b) 65 000 000 = ...

c) 634 819 000 = ...

d) 1 399 428 533 = ...

e) 0,000 006 = ...

f) 0,001 008 = ...

g) 3664,6464 = ...

h) 827,04 = ...

6 Schreibe ohne Zehnerpotenz.

a) $11 \cdot 10^6$ = ...

b) $427 \cdot 10^8$ = ...

c) $6{,}88 \cdot 10^5$ = ...

d) $19{,}85 \cdot 10^6$ = ...

e) $0{,}035 \cdot 10^8$ = ...

7 Welche Fehler wurden hier gemacht?

a) $4^3 = 12$ ....

b) $3{,}5 \cdot 10^4 = 3500$ ....

c) $0{,}1^5 = 10\,000$ ....

d) $1{,}8^3 = 583{,}2$ ....

8 Zeige, wo die Ergebnisse auf der Zahlengeraden ungefähr liegen.

$\sqrt{196}$ | $\sqrt{1225}$ | $\sqrt{3364}$ | $\sqrt{6561}$

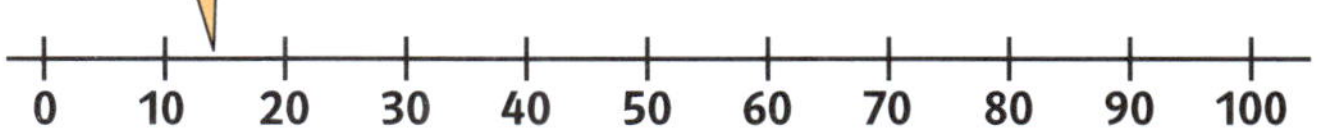

$\sqrt{25}$ | $\sqrt{484}$ | $\sqrt{1936}$ | $\sqrt{4624}$ | $\sqrt{8649}$

9 Schätze erst, dann berechne.

Wurzel	geschätzt	gerechnet
$\sqrt{50}$ =		
$\sqrt{80}$ =		
$\sqrt{400}$ =		
$\sqrt{3600}$ =		

10 Ziehe die Wurzeln. Was fällt dir auf?

a) $\sqrt{4}$ = ... b) $\sqrt{16}$ = ...

$\sqrt{0{,}4}$ = ... $\sqrt{576}$ = ...

$\sqrt{0{,}04}$ = ... $\sqrt{50\,176}$ = ...

$\sqrt{0{,}004}$ = ... $\sqrt{4\,946\,176}$ = ...

....

....

▻ Schülerbuch, Seite 140 und 141

1 Gib einen Term zur Berechnung des Umfangs der Figur an.

a)

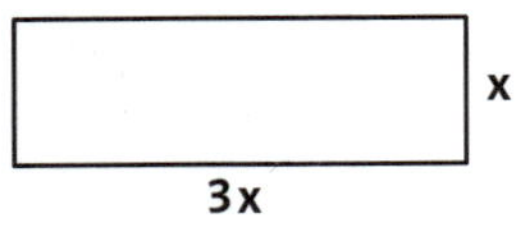

b)

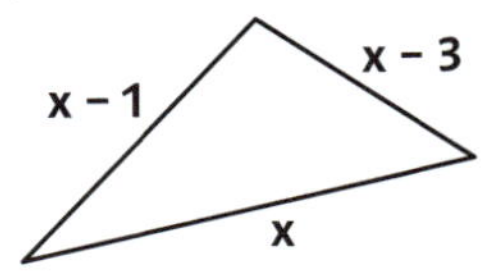

…………………………… ……………………………

2 Der Drahtbedarf zur Herstellung der Kantenmodelle soll berechnet werden. Stelle dazu einen Term auf.

a)

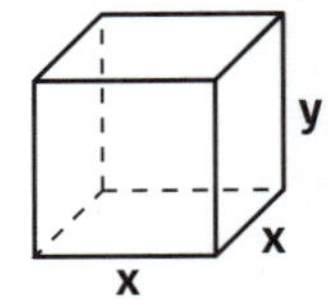

b)

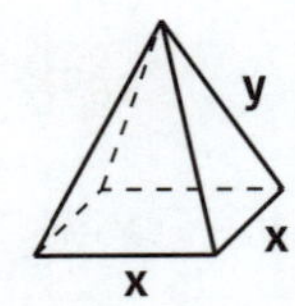

…………………………… ……………………………

3 Die Zeichnung zeigt einen Bilderrahmen.

a) Färbe die Flächen ein, deren Flächeninhalt durch den Term $b \cdot c$ beschrieben wird.

b) Gib einen Term für die Berechnung des Flächeninhalts der gesamten Holzfläche des Rahmens an.

……………………………………………………………

c) Bestimme den Flächeninhalt des Rahmens für $a = 1{,}15\,m$; $b = 0{,}85\,m$ und $c = 15\,cm$.

……………………………………………………………

……………………………………………………………

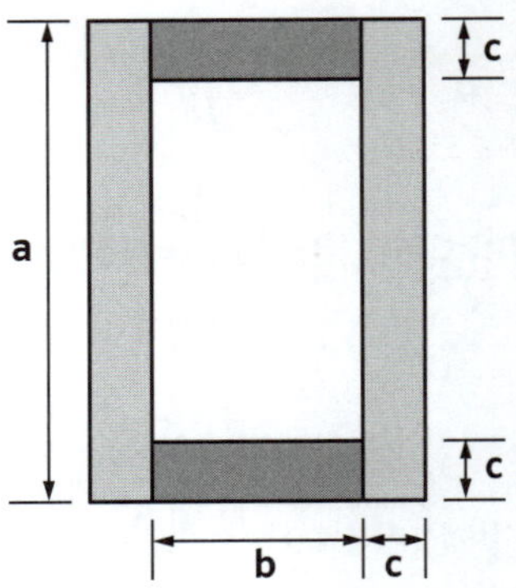

4 Vereinfache die Terme.

a) $7x + 26 - 3x - 13 - 5x =$ ……………………

b) $12x - 3y - 18x + 9y - 10y =$ ……………………

c) $3(4a - 2b) + 8b =$ ……………………

d) $3(4a + 2b) - 2(3a + 6b) =$ ……………………

e) $14x - 3y - 2(-3x + 4y) + 5y =$ ……………………

5 Multipliziere und ordne.

a) $3a \cdot 4b \cdot 2 =$ ……………………

b) $2r \cdot 2r =$ ……………………

c) $3x \cdot (-x^2) \cdot y^2 \cdot y \cdot 5 =$ ……………………

d) $(7a - 2a)^2 =$ ……………………

e) $(2a + 4b) \cdot (3a + 5b) =$ ……………………

6 Vereinfache wenn möglich. Setze für a, b, x, y die angegebenen Werte ein und berechne den Term.
$a = 4$; $b = -3$; $x = -5$; $y = 2$

a) $3(2y + 3b) - 6y + 12 =$ ……………………

b) $28a - 16b + 12(4a - 2b) =$ ……………………

c) $(8x - 2y) \cdot 7 - 13 + 4x - 3y =$ ……………………

d) $25b + 2(14a + 13b) - 48a - 26b - 4 =$ ……………………

7 Schreibe als Term.

a) Multipliziere die Summe aus dem Dreifachen einer Zahl und dem Vierfachen einer anderen Zahl mit der Differenz aus der Hälfte der ersten Zahl und einem Drittel der zweiten Zahl.

……………………………………………………………

b) Bilde das Produkt aus der Summe einer Zahl und dem Drittel einer anderen Zahl und dem Quotienten aus der Hälfte der ersten Zahl durch ein Fünftel der zweiten Zahl.

……………………………………………………………

▻ Schülerbuch, Seite 144 bis 146

Tipp

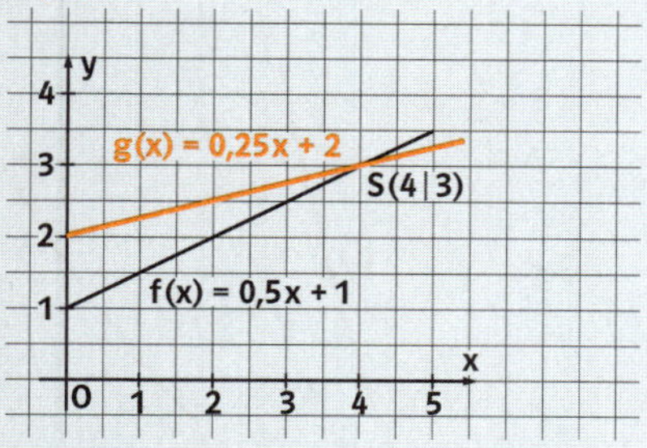

Probe: $3 = 0{,}5 \cdot 4 + 1$; $3 = 0{,}25 \cdot 4 + 2$

1 Zeichnerische Lösung

I) $x - y = -1$ II) $y - 5 = -x$

a) Forme in die zugehörige Normalform $y = a \cdot x + b$ um.

I) $y =$ ....

II) $y =$ ....

b) Markiere für jede Gerade zwei Punkte. Zeichne dann die Geraden.

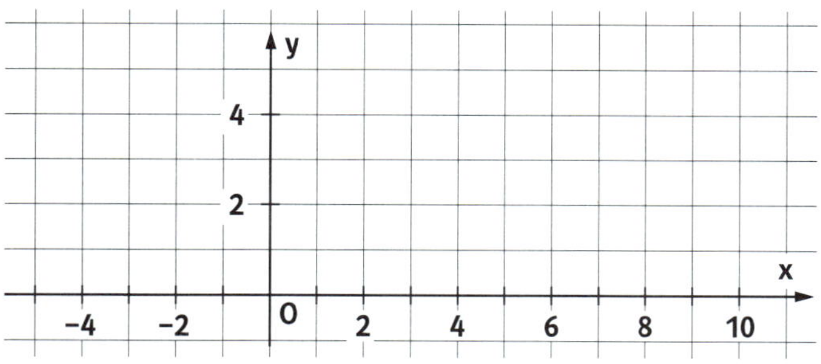

c) Gib die Schnittpunktkoordinaten und Lösung an.

S(.........|.........); x = ...; y = ...

d) Führe die Probe durch: ....

....

2 Gleichsetzungsverfahren

I) $4y - x = -4$ II) $20 - x = 4y$

a) Löse beide Gleichungen nach einer Variablen oder dem Vielfachen einer Variablen auf.

I) $4y =$ ....

II) $4y =$ ....

b) Setze die Terme gleich: .... = ...

c) Berechne die 1. Variable: ....

d) Setze die 1. Variable in eine der Gleichungen ein und berechne die 2. Variable.

....

3 Additionsverfahren

I) $10x + 12y = 94$ | $\cdot 2$

II) $18x - 24y = 78$

a) Forme die Gleichungen so um, dass vor einer Variablen in beiden Gleichungen dieselbe Zahl steht. Addiere oder subtrahiere die Gleichungen, damit eine Variable wegfällt.

I) $20x +$ ....
II) $18x -$ .... } +

....

....

b) Setze die 1. Variable in eine der Gleichungen ein und berechne die 2. Variable.

....

4 Einsetzungsverfahren

I) $2x + 5y = 9$

II) $y - 3x = 12$

a) Löse eine Gleichung nach einer Variablen auf. Setze diese in die andere Gleichung ein und berechne die 1. Variable.

II) $y =$ ....

I) $2x + 5($..................$) =$ ....

....

b) Setze die 1. Variable in eine der Gleichungen ein und berechne die 2. Variable.

....

....

5 Wähle selbst ein Lösungsverfahren.

I) $11x + 5y = 38$

II) $2x - 6y = 0$

....

....

....

....

....

....

1 Gib zu der Wertetabelle die passende Funktionsgleichung an.

a)

x	1	2	3	4
f(x)	1,30	2,60	3,90	5,20

f(x) = ...

b)

x	0	1	2	3
f(x)	3,50	3,80	4,10	4,40

f(x) = ...

2 Ermittle jeweils die Steigung der Geraden und gib die Funktionsgleichung an.

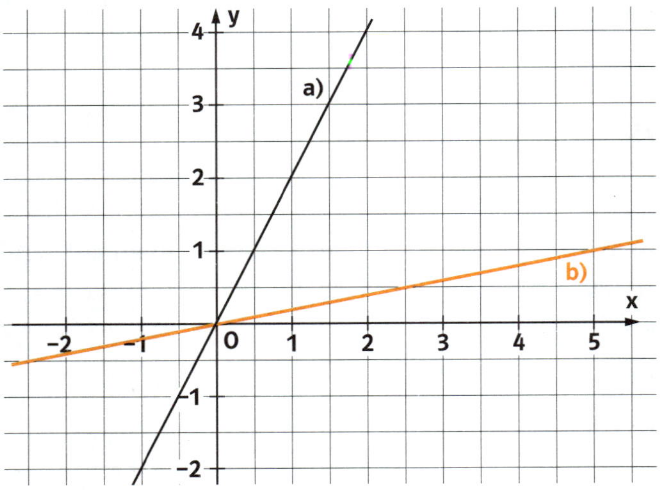

zu a) Steigung a = ...; f(x) = ...

zu b) Steigung a = ...; f(x) = ...

3 Bestimme die Funktionsgleichung.

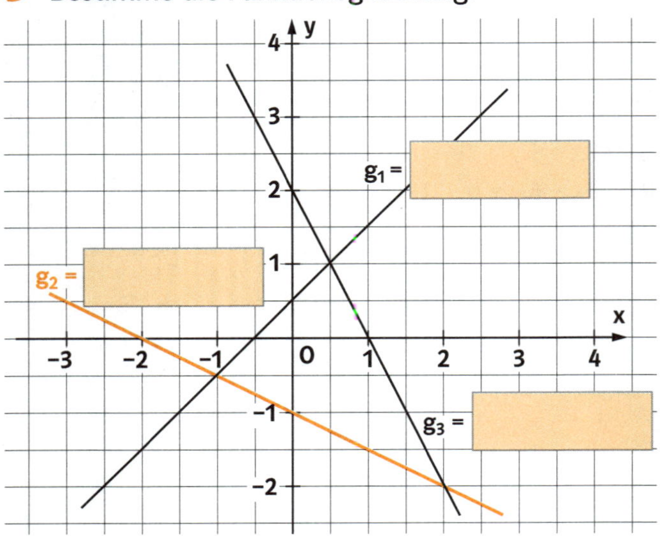

4 Ordne jeder Parabel die richtige Funktionsgleichung zu.

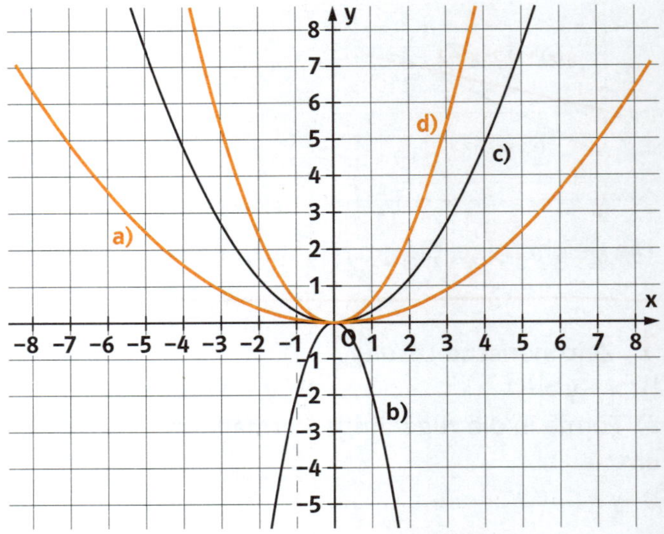

$k(x) = 0{,}1x^2$ zu .... $g(x) = -2x^2$ zu ....

$h(x) = 0{,}3x^2$ zu .... $f(x) = 0{,}6x^2$ zu ....

5

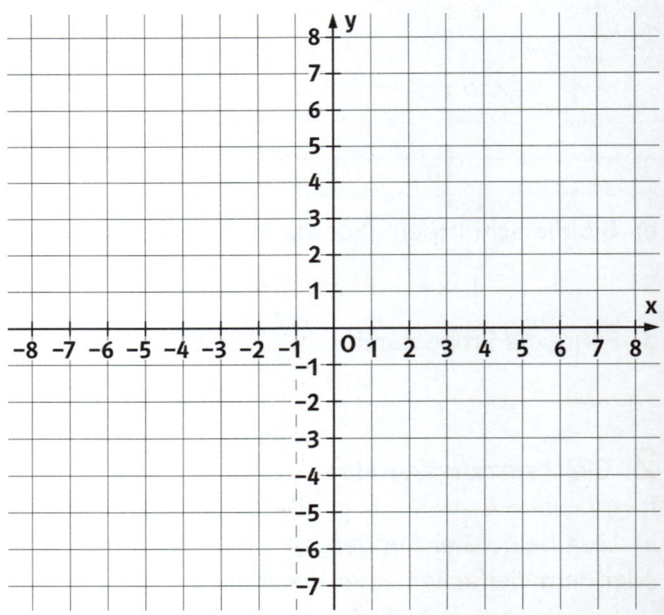

Zeichne die Parabeln und bestimme die Koordinaten der Nullstellen.

a) $f(x) = -0{,}2x^2 + 2$

b) $f(x) = 2x^2 - 4$

....

....

....

....

1 Um die Abschlussfeier des 10. Jahrgangs zu finanzieren, hat sich die *Erich-Fried-Schule* Folgendes ausgedacht: Jeder Schüler legt selbst fest, wie viel er für die Feier bezahlen kann. In der vierzügigen Schule sollen ca. 1300 € zusammenkommen.

a) Die Ergebnisse der 10 b wurden in der Rangliste rechts festgehalten.

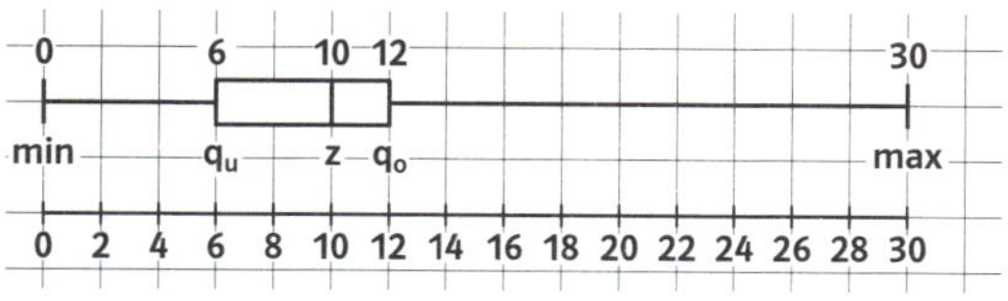

Die Geldbeträge, die am häufigsten genannt wurden, liegen zwischen q_u = ... € und q_o = ... €. Der Quartilabstand beträgt .... €. Die größte Dichte der Daten liegt zwischen .... € und .... €. Die Spannweite der Rangliste beträgt .... €.

Wenn jede Klasse genauso viel bezahlen würde, kämen insgesamt .... € zusammen.

b) Laut Hochrechnung werden 1000 € nicht erreicht. Alle Beträge müssen erhöht werden. Die Klassen beschließen so vorzugehen: Wer mehr Geld hat, soll prozentual mehr bezahlen.

Von Rangplatz 1 bis 6 sollen alle 20 % mehr bezahlen. Von Rangplatz 7 bis 12 sollen alle 30 % mehr bezahlen. Von Rangplatz 13 bis 19 sollen alle 40 % mehr bezahlen. Von Rangplatz 20 bis 25 sollen alle 50 % mehr bezahlen.

Reicht es jetzt?

....

....

Rang	Geldbetrag
1	0
2	0
3	5
4	5
5	6
6	6
7	6
8	6
9	7
10	7
11	8
12	8
13	10
14	10
15	10
16	10
17	10
18	10
19	12
20	12
21	12
22	15
23	15
24	20
25	30
Summe	

2 Jugendliche und Erwachsene wurden gefragt, wie viele Minuten sie täglich mit dem Handy telefonieren.

a) Ermittle die Kennwerte.

	Jugendliche	Erwachsene
min		
q_u		
arithmetisches Mittel		
z		
q_o		
max		
Spannweite		

Rang	Minuten pro Tag bei Jugendlichen	Minuten pro Tag bei Erwachsenen	Rang	Minuten pro Tag bei Jugendlichen	Minuten pro Tag bei Erwachsenen	Rang	Minuten pro Tag bei Jugendlichen	Minuten pro Tag bei Erwachsenen
1	0	1	11	3	5	21	10	10
2	0	1	12	3	5	22	10	20
3	0	1	13	3	5	23	15	20
4	1	1	14	5	5	24	15	20
5	1	5	15	5	10	25	20	20
6	2	5	16	7	10	26	20	20
7	2	5	17	8	10	27	20	30
8	3	5	18	8	10	28	20	30
9	3	5	19	10	10	29	25	30
10	3	5	20	10	10	30	25	30

b) Ergänze den Boxplot für die Erwachsenen. Vergleiche die Boxplots und interpretiere sie.

....

....

....

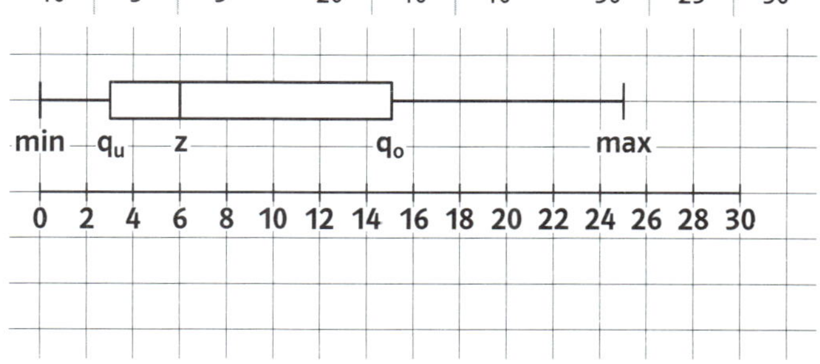

1 Zwei Reißzwecken werden geworfen. Dabei können sie entweder auf den Kopf (K) oder auf die Seite (S) fallen.

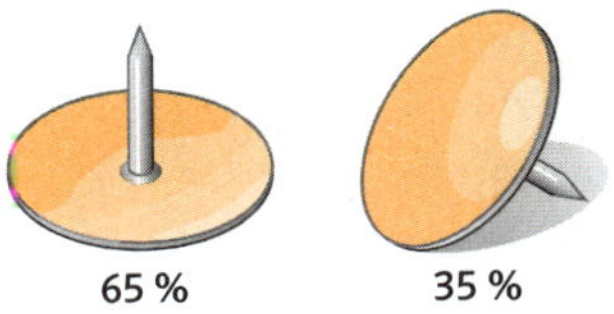

a) Wie viele und welche Ergebnisse gibt es bei diesem Zufallsexperiment?

b) Welches Ereignis im Rahmen dieses Zufallsversuchs hat eine Wahrscheinlichkeit von 54,5 %?

c) Wie oft ist bei 200 Würfen Kopflage zu erwarten?

2 Aus einem Behälter wird ein Buchstabe gezogen. Bestimme die Wahrscheinlichkeit dafür, dass folgende Buchstaben gezogen werden. Gib die Wahrscheinlichkeit auch in Prozent an.

a) ein Vokal

b) ein Konsonant

c) ein x oder ein y

d) ein Vokal oder ein x

e) Formuliere zwei Ereignisse mit der Wahrscheinlichkeit 30 %.

3 a) Die Wahrscheinlichkeit, beim *„Mensch-ärgere-dich-nicht"*-Spiel die orange Spielfigur sicher ins Haus zu bringen, beträgt $\frac{2}{3}$. Begründe.

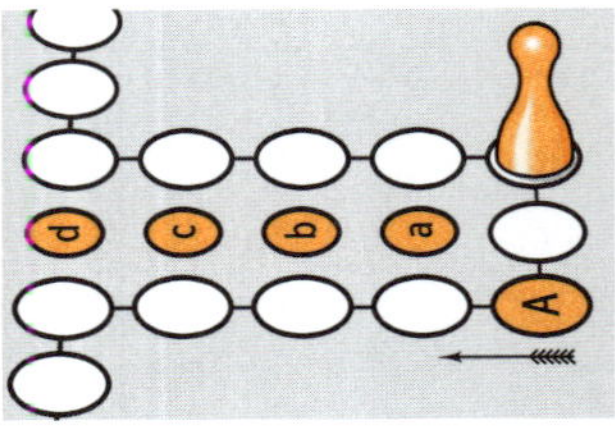

b) Auf welchem Feld müsste die orange Spielfigur stehen, damit die Wahrscheinlichkeit $\frac{1}{2}$ wäre?

4 Bei der Waldschadensbilanz 2008 wird die Baumfläche in Hektar angegeben. Für die Bäume in Nordrhein-Westfalen finden sich dort die folgenden Angaben:

	ohne Schaden	schwache Schäden	deutliche Schäden
Fläche in Hektar	272 300	386 500	219 600

a) Berechne die relativen Häufigkeiten in Prozent.

b) Können die relativen Häufigkeiten als Wahrscheinlichkeiten interpretiert werden?

5 Bei einem medizinischen Test wurde ein neues Medikament an 240 Personen getestet. Dabei ergab sich folgendes Ergebnis:

	Medikament wirkt im Test	Medikament wirkt nicht im Test	Summe
Frauen	77	63	140
Männer	65	35	100
Summe	142	98	240

a) Bei wem wirkt das Medikament vermutlich besser? Bei den Männern oder bei den Frauen? Begründe.

b) Zur Bestätigung soll ein weiterer Test mit 400 Frauen und 400 Männern durchgeführt werden. Welche Ergebnisse sind zu erwarten, falls sich an den Anteilen nichts ändert?

	Medikament wirkt im Test	Medikament wirkt nicht im Test	Summe
Frauen			
Männer			
Summe			

 ▻ Schülerbuch, Seite 156 bis 157

Überlege dir vor dem Bearbeiten jeder Aufgabe, welche Flächen- und Volumenformeln du benötigst und suche sie dir aus der Formelsammlung heraus. Überlege auch, ob du den Satz des Pythagoras gebrauchen kannst. Fertige, wenn nötig Planskizzen an.

1 Welches Volumen hat der Körper, der rechts als Netz dargestellt ist?

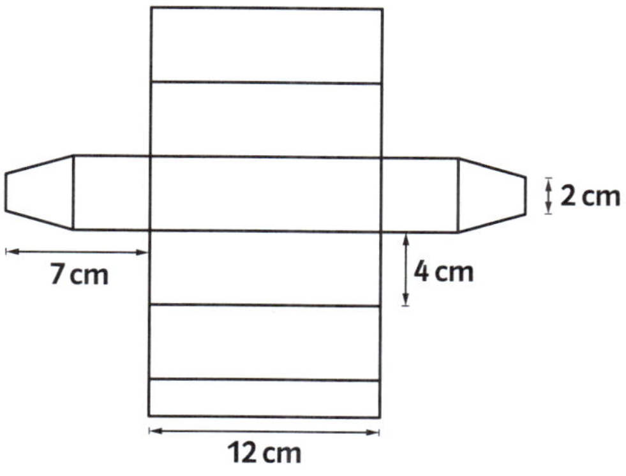

…………………………………………………………………………

…………………………………………………………………………

2 Dieses Symbol einer Windkraftfirma soll auf 10 000 Seiten Briefpapier gedruckt werden. Das gleichseitige Dreieck soll gelb sein, die Rechtecke blau. x = 0,8 cm.

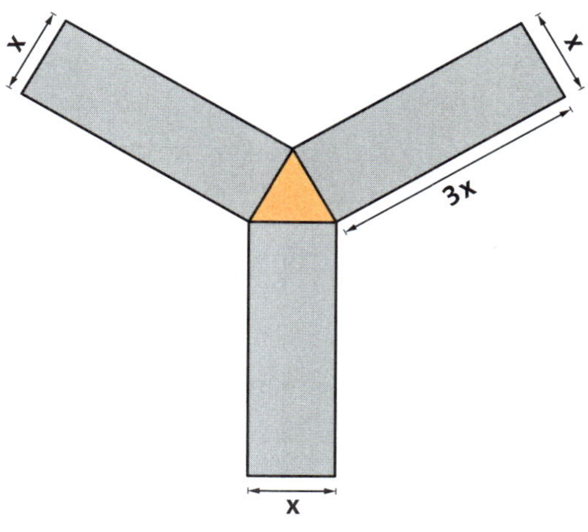

a) Gib die insgesamt mit blauer Farbe bedruckte Fläche an.

…………………………………………………………………………

…………………………………………………………………………

b) Gib die insgesamt mit gelber Farbe bedruckte Fläche an.

…………………………………………………………………………

…………………………………………………………………………

c) Verdoppelt sich die gesamte Fläche, wenn sich x verdoppelt? Begründe deine Antwort.

…………………………………………………………………………

…………………………………………………………………………

…………………………………………………………………………

3 Nach dem abgebildeten Schnittmuster soll eine Kleider-Vorderseite und eine -Rückseite hergestellt werden. Gib an, aus wie viel m^2 Stoff das Kleid besteht.

a = 120 cm; b = 105 cm; c = 20 cm;
d = 140 cm; e = 15 cm; f = 40 cm;
g = 40 cm; h = 30 cm

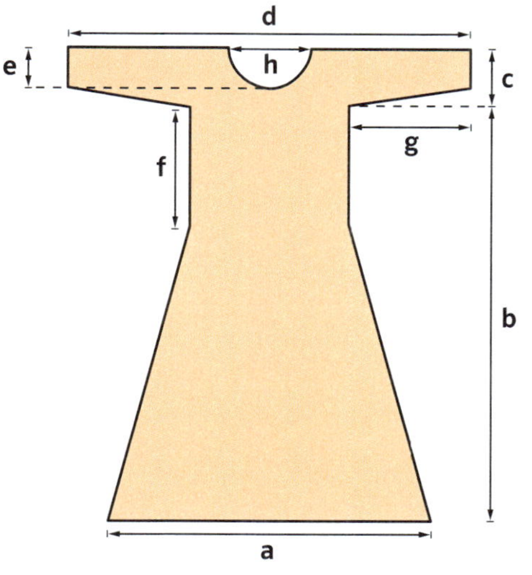

…………………………………………………………………………

…………………………………………………………………………

…………………………………………………………………………

…………………………………………………………………………

…………………………………………………………………………

1 Welche der folgenden Gleichungen sind richtig?
Begründe kurz deine Lösung wie im Beispiel.

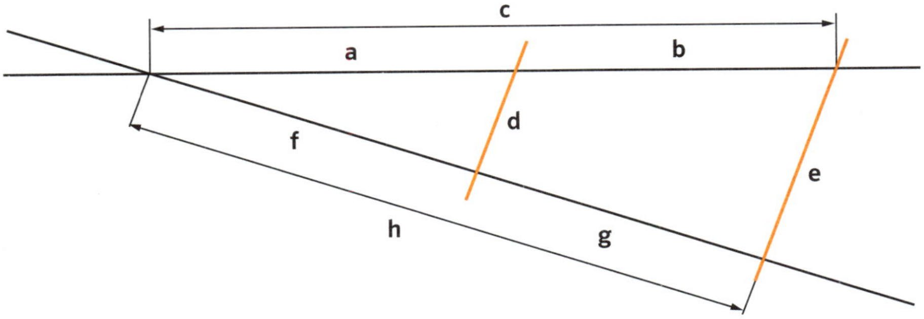

a) $\frac{a}{b} = \frac{f}{g}$ *Richtig. Entspricht dem 1. Strahlensatz.*

b) $\frac{f}{h} = \frac{a}{c}$ ....

c) $\frac{f}{h} = \frac{d}{e}$ ....

d) $\frac{c}{a} = \frac{g}{f}$ ....

e) $\frac{d}{e} = \frac{f}{g}$ ....

f) [●] $f \cdot e = h \cdot d$ ....

Tipp

Werden zwei Strahlen (zwei Geraden) von zwei Parallelen geschnitten, so gilt:

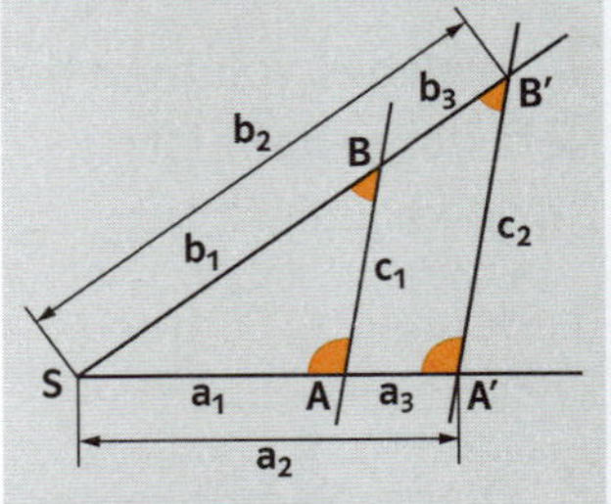

1. Strahlensatz

$\frac{a_1}{a_2} = \frac{b_1}{b_2}$ und $\frac{a_1}{a_3} = \frac{b_1}{b_3}$

2. Strahlensatz

$\frac{c_1}{c_2} = \frac{a_1}{a_2}$ und $\frac{c_1}{c_2} = \frac{b_1}{b_2}$

2 [●] Bei einer Sonnenfinsternis schiebt sich der Mond zwischen Sonne und Erde. Betrachte die nicht maßstabsgerechte Skizze und entscheide, welche der Behauptungen richtig bzw. falsch sind.

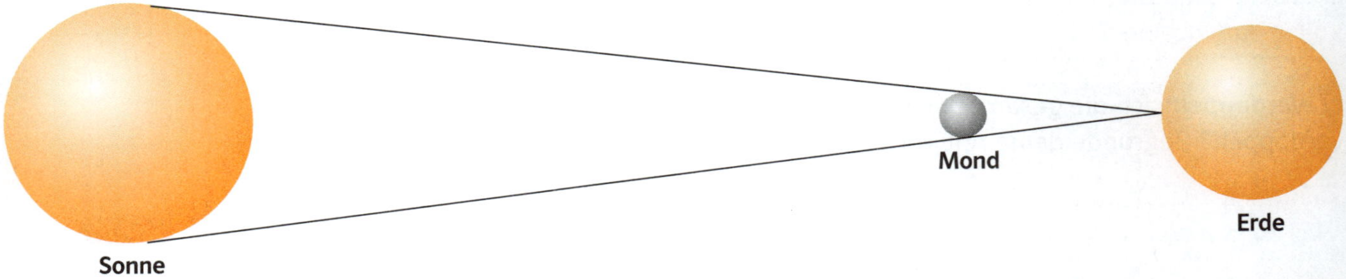

	Behauptung	Skizze	richtig	falsch
a)	Kennt man den Abstand von der Erde zum Mond und von der Erde zur Sonne, kann man den Durchmesser der Sonne berechnen.			
b)	Man muss den Abstand von der Erde zum Mond, von der Erde zur Sonne und den Monddurchmesser kennen, um den Durchmesser der Sonne zu berechnen.			
c)	Man muss den Abstand von der Erde zum Mond, von der Erde zur Sonne und den Durchmesser der Erde kennen, um den Durchmesser der Sonne zu berechnen.			
d)	Bei einer totalen Sonnenfinsternis muss man nur die Entfernung der Erde von der Sonne kennen, um den Durchmesser der Sonne zu berechnen.			
e)	Kennt man den Durchmesser von Mond und Sonne sowie den Abstand zwischen Erde und Mond, kann man die Entfernung zwischen Sonne und Mond berechnen.			

▻ Schülerbuch, Seite 159 und 163

Um die Aufgaben auf dieser Seite zu bearbeiten, verwende ein Tabellenkalkulationsprogramm.

1 [💻] Britta führt selbstständig ein kleines Jugendmodegeschäft.

a) Zur Preiskalkulation hat sie eine Tabelle (rechts) aufgestellt. Lies ab:

Britta kalkuliert mit .... % Geschäftskosten

(Ladenmiete, Löhne u.a.) und .... % Gewinn. Unterstreiche die Preise, die mit der Tabellenkalkulation berechnet wurden.

	A	B	C	
1	**Preiskalkulation**			
2	Einkaufspreis		74,00 €	
3	Geschäftskosten	25%	18,50 €	
4				
5	Selbstkosten		92,50 €	
6	Gewinn	40%	37,00 €	
7				
8	Nettoverkaufspreis o. MwSt.		129,50 €	
9	Mehrwertsteuer	19%	24,61 €	
10				
11	Bruttoverkaufspreis inkl. MwSt.		154,11 €	

b) Trage in die untere Preiskalkulationstabelle in die Zellen, in denen Werte berechnet werden, die entsprechenden Formeln ein und übertrage die Tabelle mit deinen Formeln in deine Tabellenkalkulation.

	A	B	C	
1	**Preiskalkulation**			
2	Einkaufspreis			
3	Geschäftskosten	25%		
4				
5	Selbstkosten			
6	Gewinn	40%		
7				
8	Nettoverkaufspreis o. MwSt.			
9	Mehrwertsteuer	19%		
10				
11	Bruttoverkaufspreis inkl. MwSt.			

c) Berechne die Bruttoverkaufspreise für Kleidungsstücke mit folgendem Einkaufspreis:

Einkaufspreis	39,00 €	51,00 €	114,00 €
Bruttoverkaufspreis			

d) Wie verändern sich die Bruttoverkaufspreise, wenn du einzelne Prozentsätze veränderst?

e) Zum Sommerende will Britta ihr Lager räumen. Sie kennzeichnet die Sommerkleidung mit neuen Preisen, bei denen sie nur noch mit 20 % Gewinn kalkuliert.
Was kosten die Kleidungsstücke jetzt?

Einkaufspreis	39,00 €	51,00 €	114,00 €
Bruttoverkaufspreis			

2 [💻] Zu seinem 10. Geburtstag bekommt Sven von seinen Großeltern ein Sparbuch mit 500,00 € geschenkt. Das Geld wird bis zu seinem 18. Geburtstag mit 3,5 % jährlich verzinst. Die Zinsen werden am Jahresende nicht ausgezahlt sondern weiter mit verzinst.

a) Lege ein Rechenblatt an und berechne, wie viel Sven nach acht Jahren ausgezahlt bekommt.

b) Stelle die Kapitalentwicklung in diesen acht Jahren in einem geeigneten Diagramm dar.

	A	B	C	D	E	
1		**Sparplan**	**für**	**acht**	**Jahre**	
2						
3	**Jahr**	**Kapital**	**Zinssatz**	**Zinsen**	**Endguthaben**	
4						
5	2012	500	0,035	=B5*C5	=B5+D5	
6	2013	=E5	0,035			
7	2014	=E6	0,035			
8	2015	=E7				
9	2016					
10	2017					
11	2018					
12	2019				**?**	
13						

Um die Aufgaben auf dieser Seite bearbeiten zu können, musst du deine Geometriesoftware öffnen und ein Koordinatensystem einrichten – wenn es nicht automatisch erscheint.

1 [💻] Quader im Schrägbild zeichnen.

a) Erzeuge auf deinem PC das angefangene Schrägbild und vervollständige es. Stelle die unsichtbaren Kanten mit gestrichelten Linien dar.

b) Schreibe auf, worauf du beim Zeichnen achten musst:

....

....

....

....

....

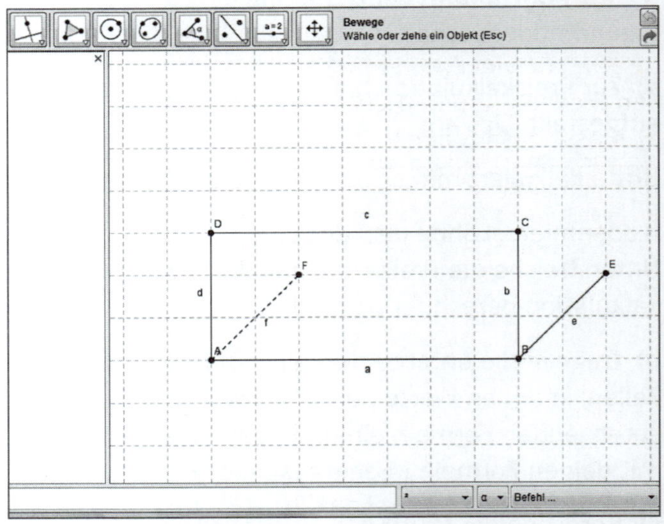

c) Konstruiere auf deinem Zeichenblatt ein passendes Netz zu diesem Quader und lasse seine Oberfläche berechnen.

O = ...

....

2 [💻] Erzeuge auf deinem Zeichenblatt das abgebildete Dreieck mit der Mittelsenkrechten über der Seite b.

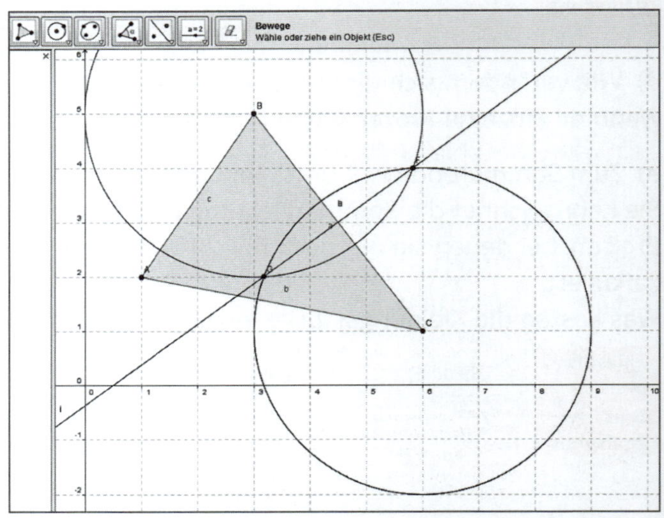

a) Konstruiere nun eine zweite Mittelsenkrechte über den Seiten a oder c. Kennzeichne den Schnittpunkt der beiden Mittelsenkrechten als Punkt M.

b) Konstruiere einen Kreis mit dem Mittelpunkt M, der durch alle drei Eckpunkte des Dreiecks geht.

Diesen Kreis nennt man den .... des Dreiecks.

c) Berechne mit dem Programm den Flächeninhalt des Kreises.

$r_{Umkreis}$ = ... ; $A_{Umkreis}$ = ...

d) Verschiebe mit dem Icon „Bewegen" einen der Eckpunkte des Dreiecks. Beschreibe, was du entdeckst. Finde eine Erklärung dafür.

....

....

....

....

....

Tipp

Hilfen zu den einzelnen Konstruktionsschritten findest du im Schülerbuch auf Seite 165.

e) Informiere dich, über welche Geraden du den Mittelpunkt für den Inkreis im Dreieck finden kannst und konstruiere ihn dann.

f) Bestimme den Flächeninhalt des Inkreises mithilfe des Programms.

$r_{Inkreis}$ = ... ; $A_{Inkreis}$ = ...

Die folgenden Aufgaben beziehen sich auf verschiedene – nicht alle! – Gebiete des Mathematik-Unterrichts. Bei ihrer Lösung kannst du herausfinden, ob du mit Erfolg gelernt hast. Löse die Aufgaben auf einem extra Blatt.

1 a) Wie viel Euro Eintritt zahlen Frederik und Patrick aus der 6. Klasse zusammen?

Eintrittspreise Reptilienzoo	
Erwachsene	5,00 €
Kinder u. Jugendliche (3–17 J.)	2,50 €
Kinder unter 3 Jahre	frei
1 Elternteil mit Kind/ern	6,50 €
Familie/Eltern mit Kind/ern	10,00 €
Gruppenpreise (mindestens 10 Pers.)	
Erwachsene	3,00 €
Kinder u. Jugendliche (3–17 J.)	1,50 €

b) Wie viel Euro kostet der Eintritt für Irena mit ihrer Familie (Vater; Mutter; Irena, 16 Jahre; Dominica, 7 Jahre; und Luis, 2 Jahre)? Wie viel Euro geben sie als Familie weniger aus?

c) Wie viel Euro Eintritt geben die 24 Schülerinnen und Schüler einer 7. Klasse insgesamt aus? Wie viel hätte es gekostet, wenn jeder einzeln hätte bezahlen müssen?

2 a) Was kannst du aus dem Schaubild ablesen?

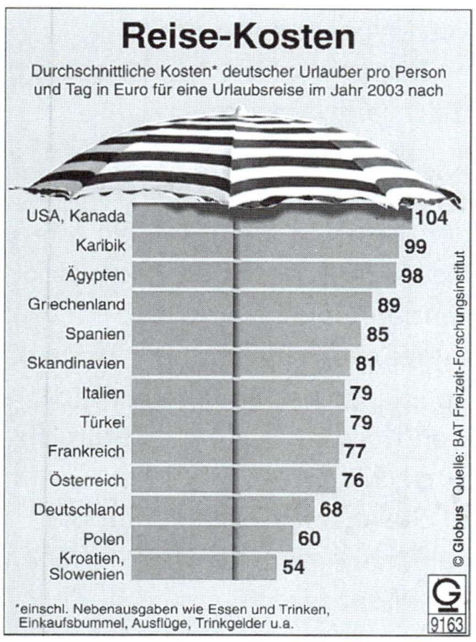

b) Berechne, wie teuer ein Urlaubstag im Jahr 2003 durchschnittlich war.

3 500 g Erdbeeren kosten 2,50 €.

a) Ergänze die Preistabelle.

Erdbeeren (g)	100	200	250	500	750	1000
Preis (€)						

b) Veranschauliche den Zusammenhang im Koordinatensystem.

4 Ein Auto fährt auf der abgebildeten Straße von A nach B.

Welcher Graph gehört zu der Zuordnung von Zeit (t) zur Geschwindigkeit (v)?

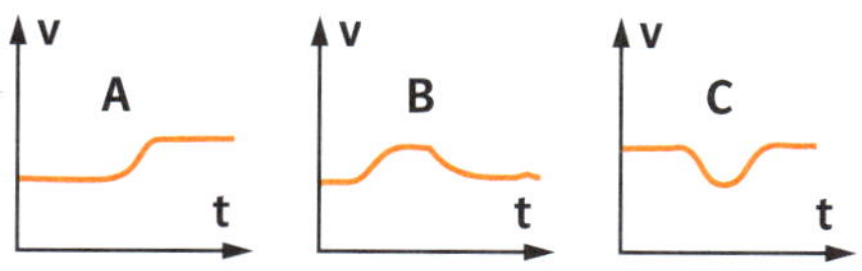

5 Gib den gefärbten Anteil an:

a) als Bruch b) in Prozent

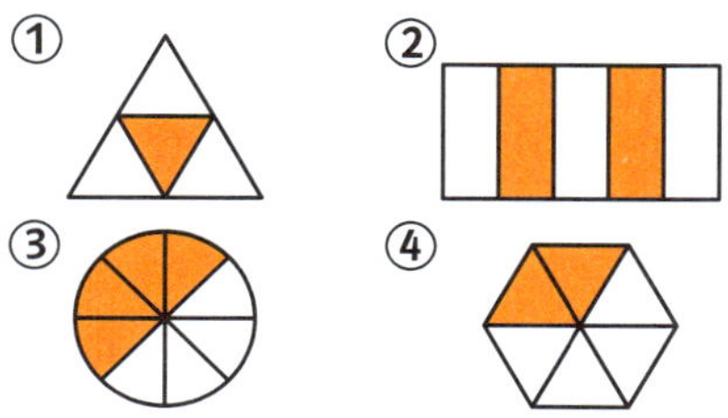

6 Berechne die fehlenden Angaben der Preisreduzierungen.

7 Das große Rechteck besteht aus verschiedenen Rechtecken.

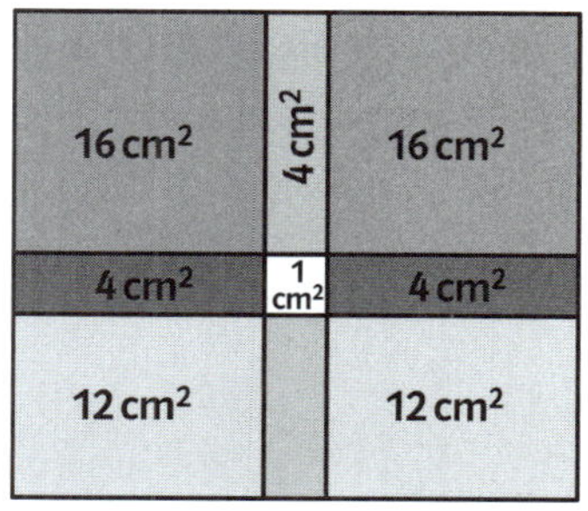

a) Berechne den Flächeninhalt des großen Rechtecks.

b) Bestimme die Seitenlängen des großen Rechtecks.

8 a) Wie viel Schokolade befindet sich in der Verpackung, wenn 25 % des Volumens Luft ist?

b) Wie viel cm^2 Karton wird für die Verpackung benötigt? Berücksichtige bei der Rechnung 5 % für Falze und Verschnitt.

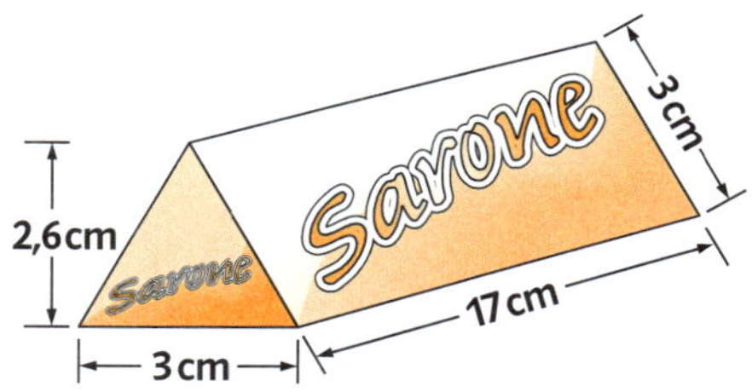

9 Um ein rechteckiges Beet (graue Fläche) wird ein Weg mit der Breite y angelegt.

a) Gib einen Term für die Berechnung der Wegfläche an.

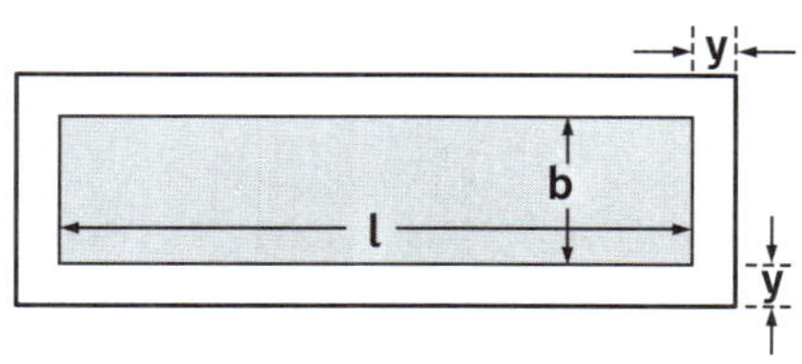

b) Das Beet soll 7,80 m breit und 23 m lang, der Weg 2,50 m breit sein. Berechne die Wegfläche.

Wenn du die Aufgaben der vorangegangenen Seite gut lösen konntest, bearbeite nun die Aufgaben auf dieser Seite. Die Aufgaben sind etwas schwieriger – aber du schaffst das schon! Löse die Aufgaben auf einem extra Blatt.

10 Welche der verkleinerten Figuren passt zu den Angaben?

a) $a = 6\,cm$; $b = 7\,cm$; $c = 6\,cm$
b) $a = b = c = 8\,cm$
c) $a = 4\,cm$; $c = 10\,cm$; $\beta = 60°$
d) $a = 7\,cm$; $b = 9\,cm$; $\alpha = 45°$

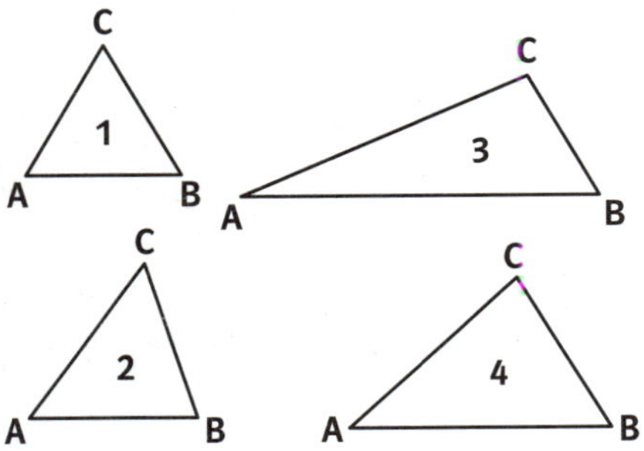

11 Bestimme nährungsweise den Flächeninhalt der Insel Fehmarn. Die Orte Burg und Puttgarden sind 6 km voneinander entfernt (Luftlinie).

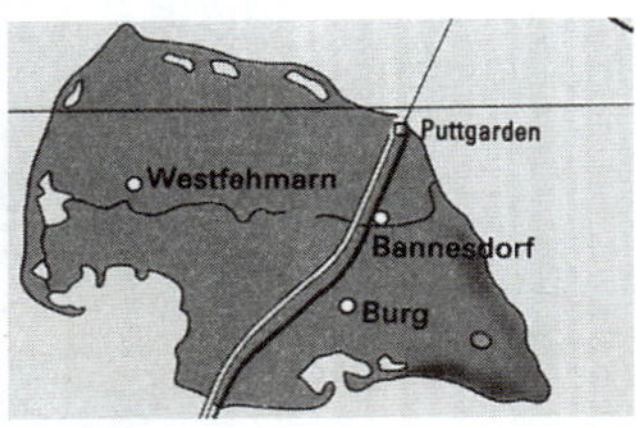

12 Berechne das Volumen der grauen Körper.

a) b) c)

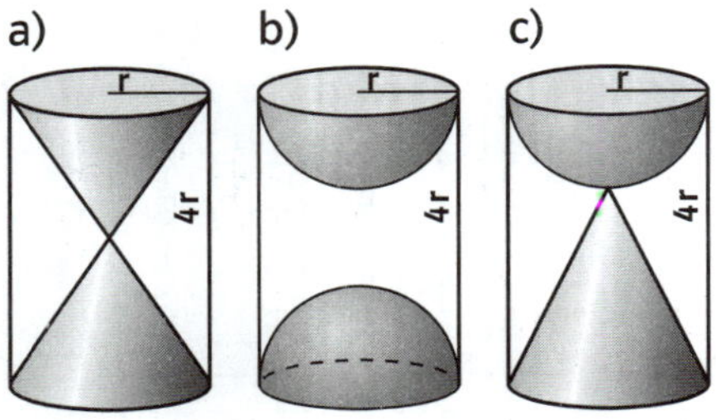

13 Wie viel 333er-Gold (333 ‰ Gold, 667 ‰ Kupfer) und wie viel 750er-Gold müssen zusammengeschmolzen werden, um einen 20 g schweren Armreif aus 585er-Gold zu erhalten?

14 Ein Baum wirft einen 25 m langen Schatten, wenn die Sonnenstrahlen unter dem Winkel 32° einfallen.
Wie hoch ist der Baum?

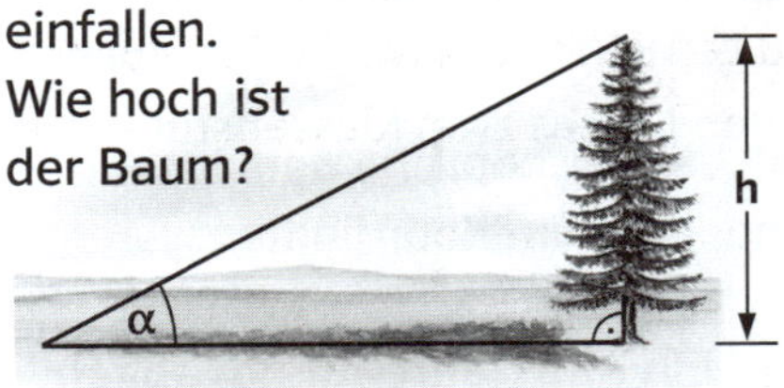

15 Salmonellen haben bei 37 °C eine Generationenzeit von 30 Minuten, d.h. sie verdoppeln sich. In einem Pudding befinden sich um 8.00 Uhr 120 Salmonellen. Wie viele Salmonellen enthält der Pudding um 13.00 Uhr?

16 a) Vereinfache.
$-5a + 2b + 10a - 6b + 9$
$-5 \cdot y^2 \cdot x \cdot (-8) \cdot x^3$
$-12m^2 + 7n^2 + 11m^2 + 2mn - 6n^2$
b) Löse die Klammern auf.
$(5a - 6) \cdot (-4 - 3a)$
$(2x + 5) \cdot (x + 2{,}5)$
$(6y + 0{,}3) \cdot (6y - 0{,}3)$

17 Für die drei abgebildeten „Würfel" wurden die Wahrscheinlichkeiten geschätzt. Welche Schätzung gehört zu welchem „Würfel"?

	1	2	3	4	5	6
A	$\frac{4}{25}$	$\frac{1}{4}$	$\frac{9}{100}$	$\frac{9}{100}$	$\frac{1}{4}$	$\frac{4}{25}$
B	$\frac{1}{6}$	$\frac{1}{6}$	$\frac{1}{6}$	$\frac{1}{6}$	$\frac{1}{6}$	$\frac{1}{6}$
C	$\frac{1}{10}$	$\frac{1}{5}$	$\frac{1}{5}$	$\frac{1}{5}$	$\frac{1}{5}$	$\frac{1}{10}$

18 Bei einer Messreihe ergaben sich folgende Messwerte:

2, 16, 5, 12, 17, 13, 6, 10, 10, 4, 11, 20, 5, 4, 21, 14, 11

Veranschauliche die Messwerte in einem Boxplot.

19 a) Welches Kapital bringt in 8 Monaten 24 € Zinsen bei 6 %?
b) 7200 € brachten nach 3 Monaten 90 € Zinsen. Berechne den Zinssatz.
c) In wie vielen Tagen ergeben 6000 € bei 8 % genau 48 € Zinsen?

20 Beim Taxiunternehmen Axi kostet jeder gefahrene Kilometer 1,90 €. Bei Blitz-Taxi gibt es eine Grundgebühr von 2,20 € und jeder gefahrene Kilometer kostet 1,70 €.
a) Gib für beide Taxiunternehmen einen geeigneten Term an, mit dem man die anfallenden Fahrtkosten berechnen kann.
b) Bei welcher km-Anzahl ist Axi (Blitz-Taxi) günstiger?

21 Bambus gehört zur Familie der Gräser. Es gibt rund 480 Arten, die bis 50 m hoch und 30 cm dick werden.
a) Welche Höhe hat eine 2 m hohe Pflanze nach 8 Tagen erreicht, wenn sie pro Tag durchschnittlich 90 cm wächst?
b) Stelle eine Gleichung für die Funktion *Anzahl der Tage → Höhe der Pflanze* auf.
c) Ermittle zeichnerisch: Nach welcher Zeit überschreitet die Pflanze eine Höhe von 25,40 m?